# 打造水煮蛋肌

すっぴん肌が好きになる　肌トラブル大全

抗痘×乾燥×發炎×老化，找出最適合自己肌膚的保養

小林智子－著

張維芬－譯

序章

# 為肌膚提供最佳呵護

「肌膚越來越粗糙。」

「易長痘體質。」

「法令紋逐漸加深。」

患者帶著各種肌膚問題來到皮膚科就診。雖然每個人的狀況都不同，但大多數人都是嘗試過各種方法後才前來就診。

有些人換過無數的化妝品及保養品，或是改變了生活作息，甚至換了不少不同的醫療院所。但即使如此，多年來的肌膚問題仍一直困擾著患者們，讓他們感到「試了很多方法都沒改善……」。

肌膚問題相當複雜，因此，難以找出問題的原因與適合患者肌膚的護理方式。

最近，有愈來愈多人會嘗試網路上流行的美容方式。但是，膚質好的人所採用的方式，對自己的肌膚不見得也有效。雖然親自調查也很重要，但如果沒有正確的知識，就有可能在未察覺資訊錯誤的情況下，傷害了自己的肌膚。

世上並沒有萬用精華液。重點在於針對自己的膚質以及肌膚問題的症狀和原因，選擇最佳的護理方式。

身為皮膚科醫師，首先會對患者進行診斷，或是給予治療，或是提供肌膚護理指導，或是建議有效的保養品成分和醫學美容來消除病因。

要完全依靠自己找到適合肌膚的保養方法可能很困難。但是，如果能稍微判斷自己的膚質狀況，就可以在一開始就找到有效的方法，而無須浪費金錢和時間。

本書中羅列了常見的肌膚問題，並詳盡整理出各種問題的原因和類型，以及具體的護理方法。書中會以三種途徑介紹護理方式，請務必找出適合自己的方式。若仍有疑惑，就請依靠身為肌膚專家的我們吧。

我誠摯地希望本書可以幫助讀者解決肌膚的困擾。

# CONTENTS

CHAPTER 3

# 肌膚問題

CONTENTS

# 如何使用本書

每個人的膚質都不同，適合的保養成分也因人而異。

在本書中，我將盡可能詳細地介紹各種護理方法，讓各位能有更多的「選擇」。基本上，我會介紹由皮膚科學會推薦和經過科學驗證的產品，但效果仍會因人而異。

首先，要找到適合自己的護理方法，第一步就是了解護理方法的「選項」。希望各位能在理解下列注意事項後，充分利用本書，以找出最佳的護理方法。

- 本書的內容是在參考日本皮膚科學會所制定的規範和學者的論文後，以作者個人的觀點撰寫而成。
- 針對本書中所介紹的護理方法、成分、療法以及治療藥物，並未保證其有效性及安全性。感到肌膚出現異常時，請立即停止使用並諮詢醫師。
- 使用醫療設備治療過程中的疼痛、恢復期和副作用因人而異。考慮接受治療時，請務必接受醫師診療，並詳細諮詢後再做選擇。

CHAPTER

1

# 肌膚原理

了解肌膚是邁向美肌的第一步。雖然每天都在觸摸皮膚，但卻不了解肌膚的構造和運作機制。了解肌膚發生了什麼事，找出方法加倍呵護肌膚。

# 皮膚構造

## 了解肌膚是肌膚護理的第一步

### 皮膚是包覆整個身體的器官

各位對「皮膚」和「肌膚」有什麼想法呢？我們每天洗臉和保養皮膚，卻很少會去思考這個問題。

掌握肌膚的基本知識，有助於解決肌膚問題。因此，我想從皮膚到底是什麼開始談起。

皮膚是包覆整個身體的器官。在人體器官中，皮膚存在於最外與最表層。由於皮膚覆蓋了整個身體，因此也被稱為「人體最大的器官」。

皮膚從最表層開始是由「表皮層」「真皮層」以及「皮下組織」三大分層所組成，每一層的功能都不同。

皮膚的主要作用是保護身體內部。具體來說，皮膚具有保護身體的「屏障（障壁）功能」，可避免水分從內部蒸發或是受到外部刺激。如果該功能衰退，可能會引發各種肌膚問題。此外，皮膚也負責調節溫度，出汗除了能排出廢物，也有調節體溫的作用。我們的身體是透過讓體溫和水分含量始終保持在絕妙的平衡狀態下，以正常運作。

## 皮膚構造

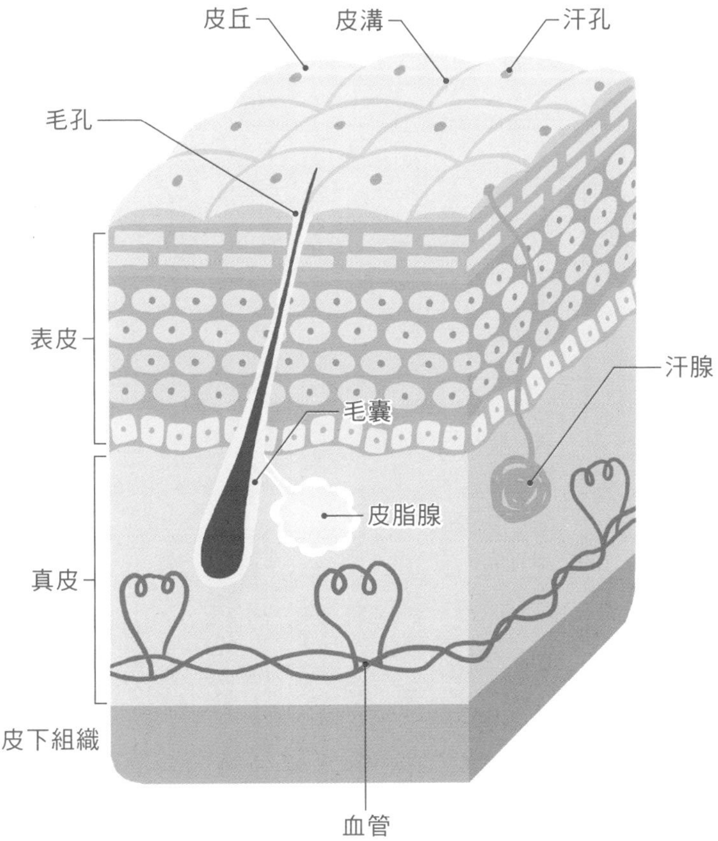


### 汗水和皮質的重要作用

汗水和皮脂是造成毛孔堵塞的原因。因此往往被視為是不好的壞東西。然而，汗水和皮脂在皮膚表面也具有重要的屏障功能。此外，皮脂的作用還包含透過維持皮膚表面的pH值弱酸性，來調節皮膚的常駐菌叢環境。汗水和皮脂的適度融合，對於美麗肌膚來說實則至關重要。

# 表皮

## 保護皮膚防禦敵人

### 保護皮膚免受外部敵人的傷害並維持水分

表皮是皮膚的最外層。表皮由表層至底層依次可分為「角質層」「顆粒層」「有棘層」（或稱棘狀層）和「基底層」四層。雖然名稱各不相同，但各分層都是由角質形成細胞所構成。角質形成細胞是由最底部的基底層所製造，會隨著皮膚新陳代謝而被逐漸往上推。接著，當角質形成細胞到達角質層，就會失去細胞核（角質層細胞），最後成為汙垢並被排出。

基本上，保養品護理的深度，只能到達表皮中的角質層。乍聽之下，這似乎沒有多大意義，然而事實並非如此。

角質層的平均厚度為〇．〇二毫米，大致上就跟保鮮膜一樣薄。但是，如此薄的角質層卻是肌膚屏障功能中最重要的部分。要打造光滑的肌膚，就必須讓角質層維持在正常狀態。

角質層經常被比喻為磚塊和水泥。磚塊是角質層細胞，而水泥則是細胞間脂質，由神經醯胺等脂質所組成。細胞間脂質以法式千層酥般的「片層」層狀結構，填充角質層細胞之間的空間。這種結構能夠讓肌膚的屏障功能正常運作，以保護身體免於受到外部刺激，並防止水分從體內蒸發。

此外，角質層細胞中的「天然保濕因子（NMF）」和皮脂也能發揮部分屏障作用（詳細請參閱第十六頁）。

## 表皮構造

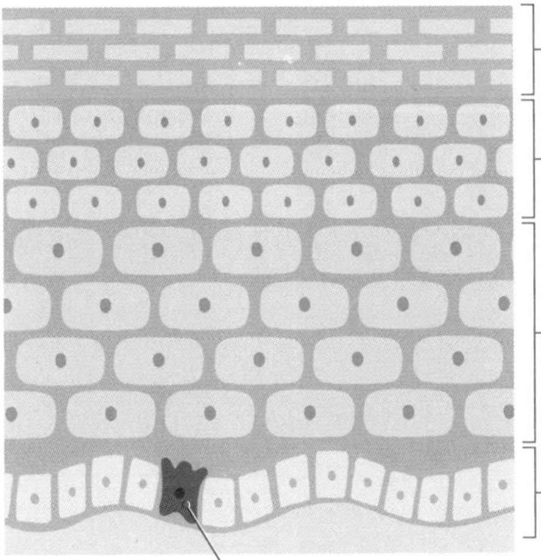


## 角質層的片層結構

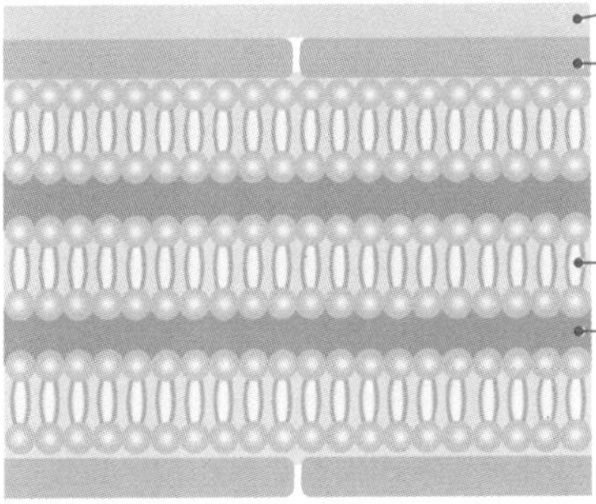


### 守護細胞的黑色素

基底層位於表皮的最底層。基底層中還存有「黑色素形成細胞」，負責保護皮膚免於受到紫外線的侵害。黑色素形成細胞在紫外線照射下會產生黑色素。「黑色素＝斑點成因」，因此往往被視為是不好的壞東西。但是，實際上黑色素也扮演著吸收紫外線以抑制紫外線對肌膚損傷的重要角色。

# 真皮

## 賦予肌膚緊緻彈性

### 打造緊緻Q彈肌的基礎

「真皮」位於表皮下方。簡單來說，真皮是主宰著肌膚緊緻度與彈性的基礎。

膠原蛋白纖維占真皮約七〇%。而膠原蛋白纖維間還排列著呈網狀的彈性蛋白纖維。這些纖維的存在如同支柱般，維持著肌膚的彈力。另外，在該網狀結構的間隙，則填滿了玻尿酸。

膠原蛋白和彈性蛋白是由纖維母細胞所組成。然而，纖維母細胞的功能會隨著年齡增長而下降，超過二十五歲左右之後，膠原蛋白的含量就會逐漸減少，因此會出現肌膚緊緻度下降與鬆弛等老化跡象。

膠原蛋白等纖維的含量除了會隨著年齡增長而減少，也會因為各種外部損傷而加速減少或品質下降。外部因素中，紫外線就是最大元凶。因紫外線引發的肌膚老化現象，稱為「光老化」（請參閱第十八頁）。肌膚老化原因中，光老化就占了八成。膠原蛋白一旦受損就難以恢復。為了防止光老化，從年輕時就要開始認真塗抹防曬，以維持肌膚的緊緻Q彈，這點十分重要。

## 真皮構造

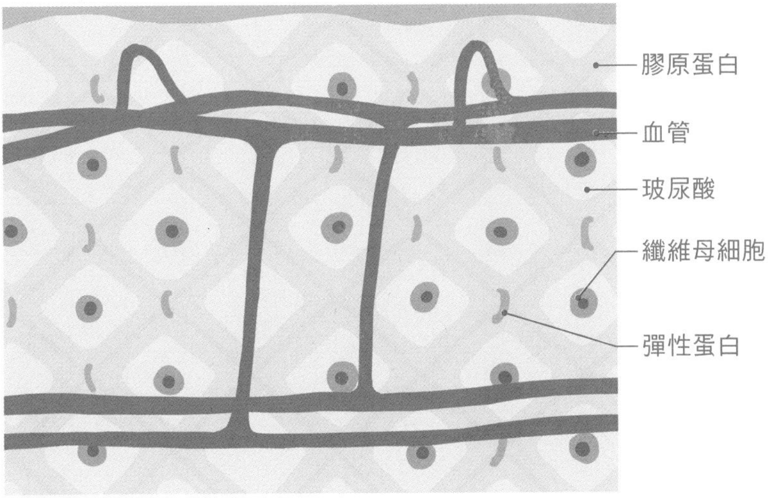


## 皮下組織構造

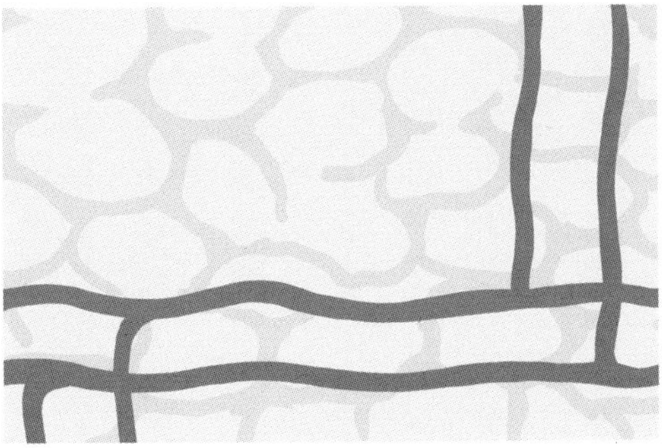

### 支撐皮膚的緩衝墊

皮下組織位於真皮下方，大部分是皮下脂肪，具有支撐皮膚的緩衝作用。

### 紫外線損傷引發的老化

真皮的膠原蛋白含量會隨著年齡增長而下降。但是，如果再加上紫外線的損傷，除了含量下降，還會嚴重干擾有序排列的膠原蛋白陣列。因此，比起正常老化所產生的皺紋，會留下更深的皺紋。根深蒂固的皺紋一旦形成就難以改善，所以重點在於，無論如何一定要預防紫外線。

# 皮膚的運作

## 肌膚的重生機制

### 改善肌膚的新陳代謝

表皮的角質形成細胞每天都在皮膚的代謝中重生，循環週期通常約為二十八天，這個循環被稱為皮膚的「更新」機制。但是，隨著年齡增長，週期將逐漸減慢。

更新機制對於打造美麗肌膚而言至關重要。如果這項機制正常運作，肌膚將變得光滑無瑕。此外，即使造成斑點的黑色素生成，也能一點一點排出。

生活習慣紊亂會嚴重影響到更新週期機制。因此，除了保養品，良好的生活習慣對美肌來說也很重要。

### 防禦外部刺激和水分蒸發

包含紫外線、空氣汙染以及花粉在內，我們的皮膚無時無刻都暴露在惡劣的環境中。身處在這樣的環境中，多虧了「屏障功能」才能讓肌膚保持水潤。

屏障功能是由位於皮膚最表層的「角質層」負責。角質層約九〇%都是由角質層細胞組成。規律排列的角質層細胞間則充滿了細胞間脂質。角質層細胞中含有吸水、保水物質的「天然保濕因子」，主要由胺基酸和乳酸組成，並與細胞間脂質和皮脂共同在肌膚的屏障功能中發揮重要的作用。

### 屏障功能減弱帶來的影響

屏障功能一旦因乾燥等原因而減弱，皮膚對外部刺激將變得敏感，並且更容易發炎。此外，水分容易從皮膚內部蒸發，從內到外的屏障都將減弱，皮膚就變得更加乾燥。再加上隨著屏障功能減弱，可能會導致皮膚搔癢和濕疹等問題。因此，早期護理非常重要。

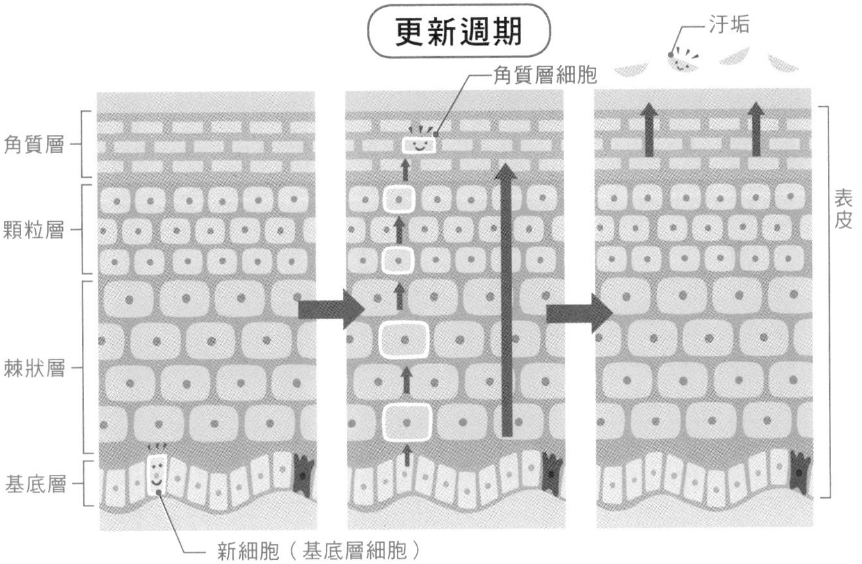


### 在基底層產生新細胞

基底層細胞在表皮最底部的基底層分裂，並產生新細胞。

### 在角質層變成角質層細胞

當基底層細胞在改變形狀，並在大約兩周內到達角質層，細胞核將會消失並成為角質層細胞。

### 成為汙垢從表面剝落

大約經過28天到達皮膚表面時，角質層細胞將成為汙垢剝落。

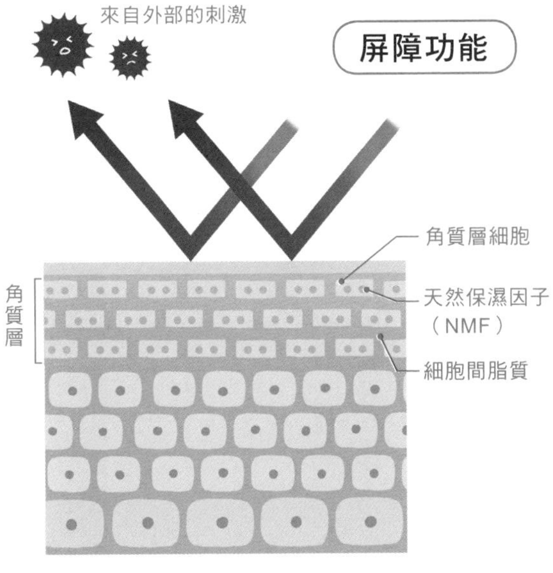


### 滋潤的角質層

保持足夠水分的角質層。規律排列的角質層細胞間，毫無縫隙地填滿了細胞間脂質。屏障功能也正常運作，阻擋了來自外部的刺激。

# 肌膚老化

## 加速肌膚老化的兩大壓力

### 糖化與氧化造成的肌膚老化

除了年齡的增長，紫外線的損傷更會加速肌膚的老化。

紫外線不僅會造成斑點，作為氧化壓力，還會導致膠原蛋白含量減少以及品質降低，從而讓肌膚產生更深的皺紋。這種紫外線引起的老化被稱為「光老化」。

此外，近年來「糖化壓力」所引起的肌膚老化也備受關注。糖化是指體內多餘的糖和蛋白質結合。有報告指稱，

當糖化過程中產生的老化物質「糖化終產物（AGEs）」聚積在膠原蛋白中，皮膚的彈性會下降，從而造成皺紋和鬆弛。不僅如此，含有大量AGEs的皮膚容易產生黑色素，也容易形成斑點。此外，我們還知道，氧化壓力會加速糖化壓力。

氧化和糖化壓力是肌膚老化的兩大主因。對於這些皮膚壓力除了肌膚護理外，重新審視生活習慣也十分重要。尤其是從年輕開始護理更是一大關鍵。

### 老化護理需要什麼？

聽到「老化護理」，很多人可能會想到昂貴的美容液。不僅是皮膚，老化跡象對於皮膚下方的肌肉和骨骼也有顯著的影響。肌膚護理只能照顧到皮膚表面。因此，除了化妝保養品外，也要注意日常飲食和運動等肌肉和骨骼的老化護理。

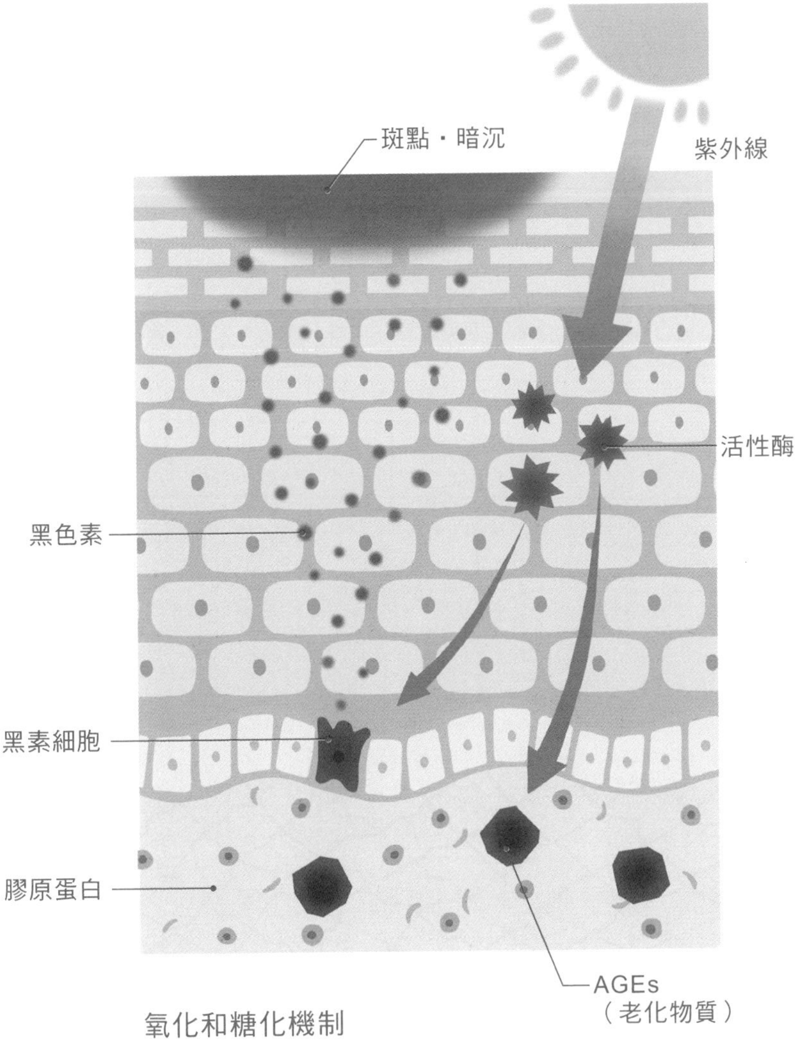


## 氧化和糖化機制

人體一旦照射到紫外線，就會產生活性酶以保護肌膚。但活性酶的聚積會引起氧化壓力，並發出生成黑色素的指令。同時，也將加速糖化反應，生成老化物質聚積在膠原蛋白中。

COLUMN

# 肌膚類型的差異

## 肌膚的自我診斷

肌膚類型可依據「水分含量」和「油分含量（皮脂分泌量）」做區分。

有一種方法可以在一定程度上自行診斷肌膚類型。

舉例來說，在洗臉後且不保濕持續三十分鐘的狀態下，如果油光滿面可以被診斷為油性肌膚；如果肌膚緊繃則是乾性肌膚；如果部分區域有油光則是混合性肌膚。此外，還有外油內乾肌膚的類型，外油內乾膚質的特徵之一，是容易感覺到皮膚凹凸不平和僵硬緊繃。

肌膚類型

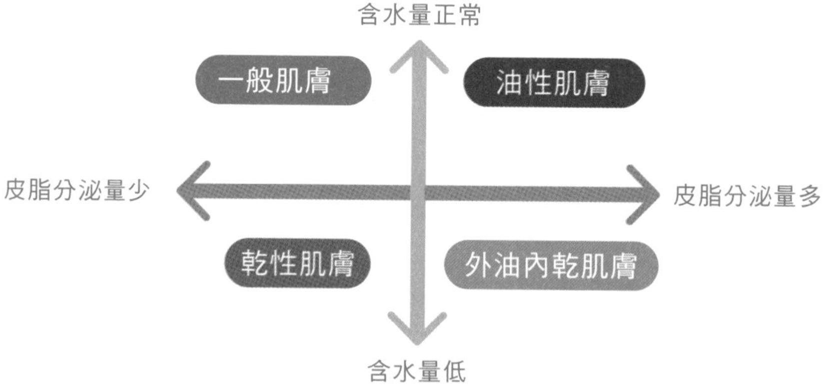


※部分區域不同時則為混合性肌膚

CHAPTER 2

# 基本護理

並沒有一種保養方法對任何人都有效，但卻有一些重要的共同點。不論是化妝、保養品的選擇、生活方式和治療都是維持基本護理的主要條件。讓我們從這些地方著手，擴大選擇範圍。

# 美肌的條件

## 細緻的紋理打造出美麗的肌膚

### 美肌的首要條件是什麼？

美麗肌膚的條件是什麼？

沒有皺紋或斑點？還是膚色白皙？事實上，還有更重要的關鍵，那就是「肌膚紋理平整」。

皮膚表面呈現格子狀，並且有許多凸起（皮丘）與凹陷（皮溝）之處。當皮丘的大小高度均一，皮溝的寬度狹窄，並以恰當的深度規律排列，光線就會被整齊地反射，並賦予肌膚「光澤度」以及「透明感」。嬰兒的肌膚之所以能光滑無瑕，就是因為肌膚紋理相當整齊。

相反地，當紋理紊亂，就會導致肌膚暗沉粗糙，給人疲憊的感覺。

要讓人留下肌膚美麗水嫩的印象，就不能忽視「紋理的平整狀態」。

紋理的狀態受到更新機制極大的影響。當更新機制被打亂，肌膚就無法正常代謝。因此，肌膚表面的凹凸不平將變得更加明顯。

此外，要調整更新機制，除了肌膚護理，飲食、睡眠和運動等生活方式也至關重要。換句話說，內在護理是形成美麗肌膚不可或缺的一環。

## 皮膚構造

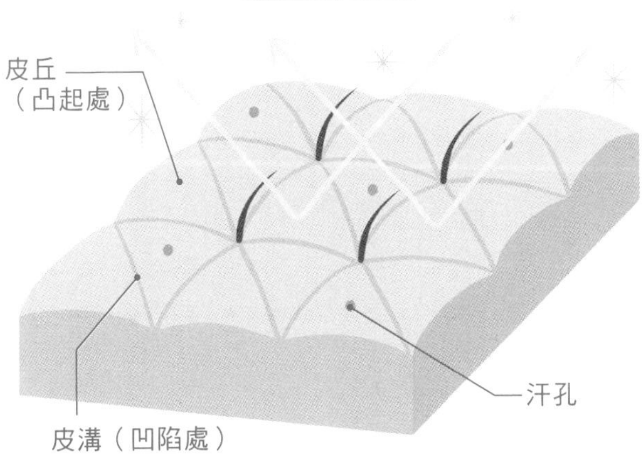


### 紋理平整的肌膚

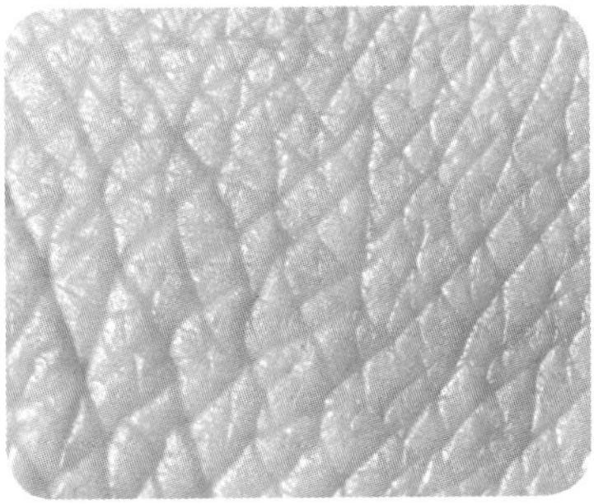

© Chaoss | Dreamstime.com

### 紋理紊亂的肌膚

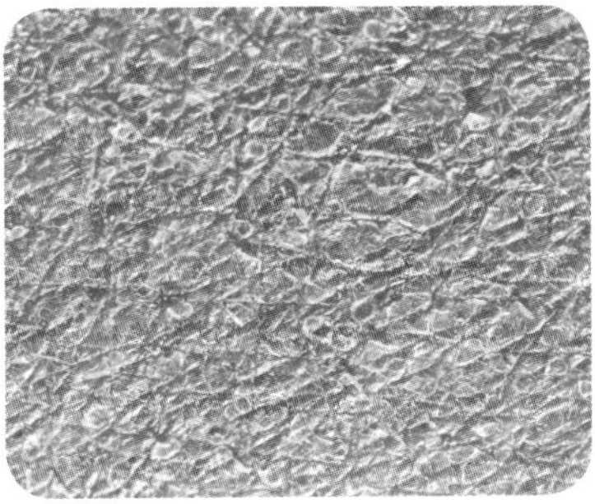

© Natalia Bachkova | Dreamstime.com

### 日本人的美麗肌膚定義

「美白信仰」長久以來一直深植於日本人心中。當然，膚色白皙或許是讓肌膚看起來美麗漂亮的元素之一。然而，我認為更重要的是「肌膚紋理」。紋理平整的肌膚本身會給人肌膚明亮而健康的印象。遺傳是決定膚色的最大因素，但是只要努力，無論膚色為何，任何人都能擁有紋理平整的肌膚。

# 肌膚護理

## 透過居家護理改善肌膚

### 透過三大原則守護肌膚

進行肌膚護理的首要原因是什麼？我們的皮膚原本就具有「更新機制」與「屏障功能」，即使什麼都不做，我認為也沒有問題。然而事實上，肌膚會不斷受到化妝品或是紫外線照射的刺激。肌膚護理的主要作用就是儘量減少這類刺激。而肌膚護理的基礎則是洗臉、保濕和防曬。

「洗臉」是指去除妝容的油分和附著的灰塵等髒汙。然而，有些洗臉方式會在皮膚上產生摩擦，並沖洗掉保濕成分。因此，在最低限度下去除髒汙，盡可能不給肌膚帶來負擔是重點。

另外，「保濕」則是利用保養品補充洗臉時失去的保濕成分。所需的保濕程度取決於膚質。因此重點在於為肌膚提供「恰到好處」的保濕。

最後則是「防曬」。為了保護肌膚免於受到紫外線損傷，進而導致各種皮膚問題，最重要的就是不分季節，每日塗抹防曬。

為了減少肌膚問題，一定要重視這三項基本原則。充分理解各原則的重點，找出最適合自己肌膚的護理流程。

## 保養品護理的3大原則

原則1

**洗臉**

避免過度清洗、摩擦

原則2

**保濕**

適合膚質的保濕

原則3

**防曬**

不分季節與氣候
每天塗抹

### 肌斷食功效

肌斷食通常是指不進行任何肌膚護理。但是，如果不塗抹防曬霜就會助長光老化。塗抹防曬後，須要「洗淨護理」以去除防曬乳，而清洗後就要保濕。雖然肌膚護理是愈簡單愈好，但是，這並不代表就不須要做任何事。

肌膚護理 1

# 洗臉

## 徹底去除看不見的髒汙

### 洗淨必要的髒汙

洗臉的目的在於去除肌膚表面的髒汙，讓肌膚保持清潔。這裡所說的「髒汙」不僅包含來自外部的髒汙，如保養品、灰塵和花粉，還包含汙垢、皮脂、汗水等肌膚代謝的產物。

妝容和皮脂等油脂會隨著時間流逝而氧化，並導致肌膚出問題。因此，適當地洗臉對健康肌膚至關重要。

特別是，為了去除粉底液的油脂，就需要卸妝乳。卸妝時，主要是透過溶解油汙來去除油汙，然後再利用洗面乳去除殘餘的髒汙。如果有化妝，一般會利用這兩個步驟進行「雙重卸妝」。

洗臉往往被視為是肌膚護理中最枯燥的工作。但其實，想要有美麗肌膚，洗臉過程遠比塗抹保養品更為重要。

如果洗臉方式不正確，可能會沖走必要的保濕成分，或是因摩擦而損傷肌膚表面，從而降低屏障功能。

重點在於，無論膚質如何，都應該溫柔地洗臉。具體的洗臉方式請參閱隔頁說明。

## 卸妝步驟

### 1 把卸妝乳倒在手上

基本上可遵照製造商建議用量。推薦大量使用以避免摩擦。

### 2 與妝容融合

輕柔地旋轉畫圓，讓妝容與卸妝乳融合在一塊，同時注意避免摩擦肌膚。基本上是按照由內而外的順序移動雙手。垂直移動所造成的摩擦力度最強，所以NG。

### 3 以溫水沖洗

以溫水澈底沖洗二～三次。水溫大約在三十五度左右，與手部溫度大致相同即可。

## 洗臉步驟

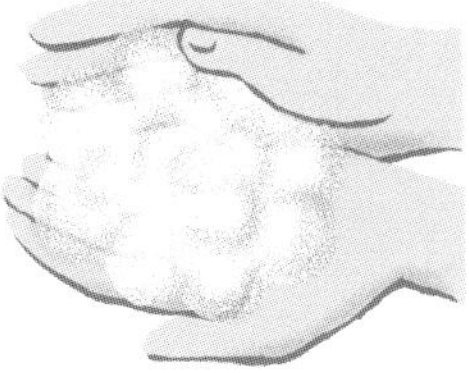

### 1 把洗面乳倒在手上

基本上可遵照製造商建議用量。推薦大量使用以避免摩擦。

### 2 輕柔地去除髒汙

將泡沫式洗面乳輕輕塗抹在肌膚上，旋轉畫圓讓洗面乳與肌膚融合在一塊。和卸妝時相同，請注意避免引起摩擦。

### 3 以溫水沖洗

以溫水澈底沖洗二～三次。用毛巾擦拭濕潤的臉部時，也要注意避免摩擦。

肌膚護理 2

# 保濕

## 透過滋潤肌膚增強屏障功能

### 不拘泥於「種類」和「分量」

「保濕」是維持肌膚屏障功能不可或缺的元素。保養品當中也有許多產品聲稱具有保濕功效。

許多保養品製造商建議的使用步驟依序為化妝水、乳液、乳霜再到精華油。但並不是一定要全部使用才能夠保濕。反之，添加愈多的肌膚護理產品，就會增加愈多對肌膚的摩擦。

保濕產品的英文是「Moisturizer（保濕劑）」，並非像日本一樣是指乳液、乳霜等特定產品。

一般來說，化妝水是以水為基底且含有水溶性保濕成分，而乳液和乳霜除了水溶性保濕成分，還含有封閉性保濕劑（Occlusive，請參閱第二十九頁）等脂溶性成分。另外，精華油基本上則被歸類為封閉性保濕劑。

如何選擇這些化妝保養品，取決於自己的「膚質」和「使用印象」。膚質會因個人肌膚中的水分含量與油分含量而異。因此，保濕劑的補充分量也因人而異。

此外，水分和皮脂的分泌量也會隨著年齡和季節變化。根據季節使用保濕產品，或是添加和減少分量也很重要。

## 保濕成分種類

封閉性保濕劑
（留住水分）

凡士林、石蠟、角鯊烷、礦物油、綿羊油以及蜂蠟等

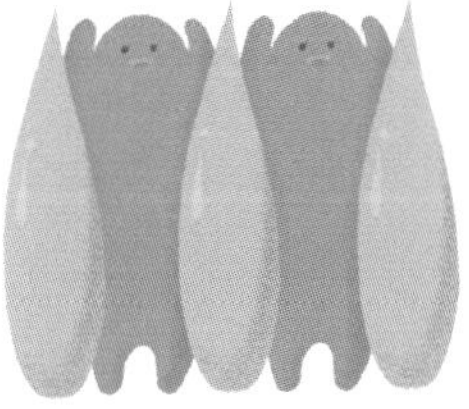

潤膚性保濕劑
（補充水分）

矽靈、荷荷巴油、膠原蛋白、蓖麻油、異硬脂醇等

潤濕性保濕劑
（維持水分）

甘油、尿素、玻尿酸、泛醇、丙二醇、蜂蜜等

## 保濕成分的三種類型

保濕劑的主要功能是補充角質層內的水分與油分，以及防止水分蒸發，從而滋潤肌膚。同時，保濕劑中混合的保濕成分，可根據其作用的不同，分為三種主要的類型。

第一種是「潤濕性保濕劑」。潤濕性保濕劑的作用是透過維持角質層中的水分，提高皮膚的水分含量。

第二種是「潤膚性保濕劑」，透過填充角質層內的角質層細胞，讓皮膚更柔軟、質地更均勻。

第三種則是「封閉性保濕劑」。封閉性保濕劑的作用是在水分上蓋上「蓋子」以防止蒸發，並將水分留在角質層內。

除了上述成分，保濕劑中通常還混合了神經醯胺、菸鹼醯胺、肽以及抗氧化劑等。

### 理想的保濕

要提高肌膚的含水量，關鍵就在於除了以潤濕性保濕劑等速效成分將水分蓄積在肌膚中，同時利用封閉性保濕劑等防止水分蒸發的成分來維持其效果。此外，如果再補充神經醯胺等成分，以促進屏障功能的修復，效果可望進一步提升。

保濕 1

# 化妝水

## 擁有多種特色 導入肌膚護理

### 化妝水本身不能保濕？

化妝水一般是指在水中加入水溶性保濕成分的液體。日本人最常用的護膚產品就是化妝水。

許多化妝水廣告中都有強調「愈來愈滋潤」的文案，且給人保濕的印象。但事實上，化妝水並不能成為主要的保濕劑。當然，有些人只需要化妝水就能獲得足夠的保濕。但是，含有油分的乳液和乳霜具有更強的保濕能力。

話雖如此，但這並不代表我們就不需要化妝水。化妝水具有調整皮膚表面pH值或是調理角質層等增強其他產品功效的作用。

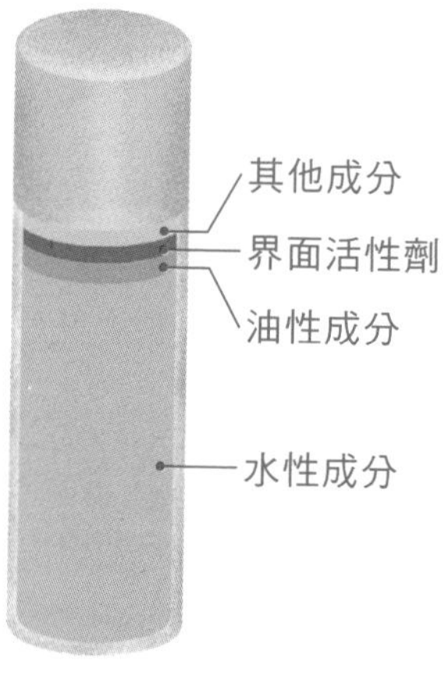

保濕2

# 乳液

## 均衡融合水分和油分的保濕劑

### 用水和油維持肌膚滋潤

一般來說，乳液是在水中加入油性成分的保濕劑，其混合物中也含有界面活性劑。

乳液最主要的作用是保濕。乳液中不僅含有水性成分，還有油性成分。因此，可以在肌膚上蓋上「蓋子」，以防止水分蒸發。此外，還能輕易混合神經醯胺等脂溶性成分，保濕能力比化妝水更高。

再加上乳液同時含有水性成分和油性成分，所以性質類似奶油。但乳液的油分比奶油少，且質地更水潤、親膚性更佳。

乳液的主要功能雖然是保濕，但最近，含有美白成分的乳液也愈來愈多。如果乳液中還混合了適合自己肌膚問題的成分，只要一瓶乳液就能完成所有護膚工作。只不過，每次使用最好還是根據肌膚狀態調整乳液的用量。

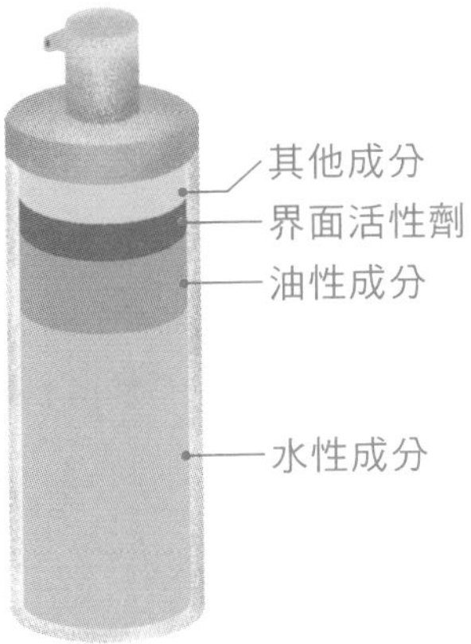


### 界面活性劑的作用

界面活性劑往往被視為是不好的壞東西。但是多虧了界面活性劑才能去除汙垢，並均勻混合不相融的油、水成分。另外，每種保養品所混合的界面活性劑種類及含量都不同。有些人會對特定的界面活性劑產生過敏反應。但是，對大多數人來說，界面活性劑還是一種可以安全使用的成分。

保濕 3

# 乳霜

## 利用油分蓋上蓋子以維持肌膚水分

### 利用大量油分澈底保濕

乳霜和乳液相同，在保濕中發揮著核心作用。比起乳液，乳霜的油性成分更多，它的特點是半固體狀、厚實堅硬的質地。

由於乳霜含有大量油分，痘痘肌或油性肌膚的人使用時，情況可能會更加惡化。根據皮膚類型的不同，有時也不建議使用。然而，當皮脂分泌量隨著年齡增長而減少，或是肌膚在冬天嚴重乾燥時，乳霜保濕的效果將十分顯著。

此外，臉部中，眼睛和嘴巴周圍以及臉頰等部位，皮脂分泌量原本就比較少，因此往往更容易變得乾燥。可以在這些部位使用乳霜，並在臉部其餘部位使用乳液等，按部位區分使用。另外，冬天時，肌膚特別容易乾燥，將乳液更換為乳霜，根據季節區分來使用護膚產品也頗具成效。

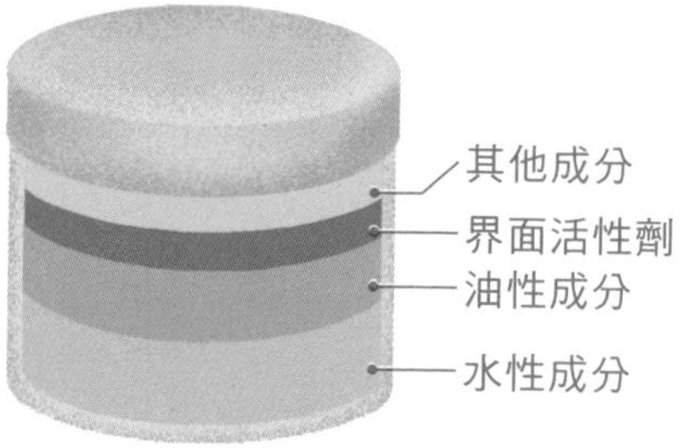

保濕 4

# 精華油

## 利用油分的力量防止水分蒸發

### 油分幾乎能百分百鎖住水分

荷荷芭油和堅果油也是保濕產品之一。與其他保濕產品不同，精華油能夠充當封閉性保濕劑。

換句話說，精華油的主要功能是防止水分蒸發。在使用精華油前，如果能透過肌膚護理確實維持肌膚中的水分，精華油就能作為蓋子鎖住水分，並有望留住肌膚中的水分含量。

將精華油作為保濕產品使用時，雖然能夠有效補充單靠乳液或乳霜所無法補足的油分，但卻並非必需品。

特別是，有部分精華油例如橄欖油有「致粉刺性」（容易造成青春痘）。對長青春痘的人來說，最好別用。

最近，市面上出現了各種精華油，其中也混合有非油性成分的產品。

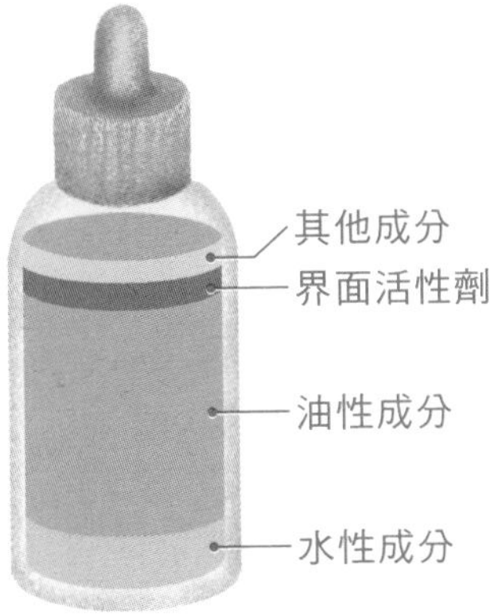


#### 是否適合精華油和凡士林

精華油和凡士林是屬於封閉性保濕劑（防止水分蒸發的成分）。對於乾燥肌膚的人來說，由於皮脂分泌較少，在乾燥的季節裡將封閉性保濕劑添加到日常的保濕作業中是頗具功效的。但如果是油性肌、痘痘肌或是患有脂漏性皮膚炎的人，可能會導致油分含量過多而毛孔堵塞或症狀惡化，因此須要多加注意。

肌膚護理 3

# 防曬

## 防止肌膚的大敵「紫外線」

### 不分季節與氣候每天都要護理

紫外線是太陽光之一，會損害肌膚細胞，導致皮膚癌和老化現象。

日常所照射的紫外線，依波長的不同，有UVA和UVB兩種類型。

UVA會損害真皮的膠原蛋白，導致皺紋和肌膚鬆弛；UVB會損害表皮的角質形成細胞，產生黑色素，進而導致斑點產生。由於UVA和UVB對肌膚老化都有顯著的影響，因此，理想的防曬應該是能覆蓋兩者的波長。

防曬標示SPF、PA分別是表示防曬產品對於UVB與UVA的防禦效果。日常所使用的防曬霜指標是SPF三〇左右，PA則為+++或更高。不過，比SPF等防曬標示更重要的則是塗抹方式。

事實上，大多數使用者都沒有塗抹足夠分量的防曬，因此無法發揮標示上的抗UV功效。重點在於塗抹足量的防曬霜，並及時補充塗抹，且視狀況隨時補擦。

此外，許多人在冬季時不會塗抹防曬。但是比起UVB，UVA的季節性變化小，全年都會有UVA的照射。因此不分季節與氣候，請養成每天確實塗抹防曬的習慣。

### 適量的防曬

在防曬中，最重要的是塗抹足量的防曬，而不是防曬的SPF與PA指標。一般來說，乳液類型的防曬霜用量大約是日幣五百元硬幣（如圖）的大小。以「覺得擦太多」為原則。

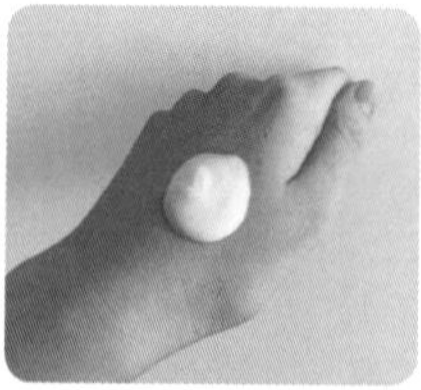

## UVA和UVB

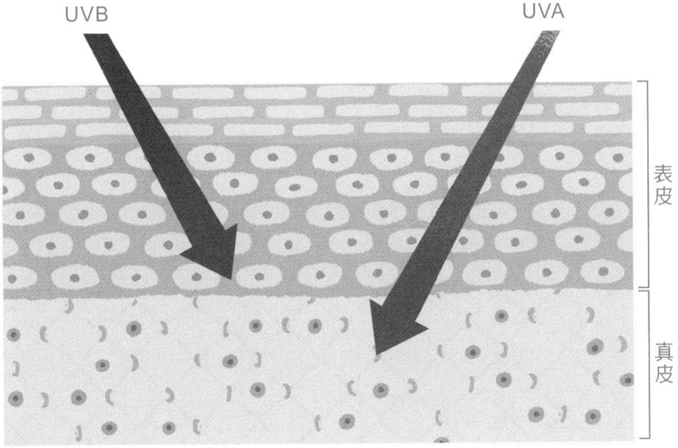


### UVB

能量強，會損傷表皮並導致曬傷（皮膚泛紅、刺痛）。

↓

### SPF

SPF值是防曬產品可延緩肌膚泛紅和刺痛（曬傷）的時間倍數

引發肌膚曬傷的時間（分）X SPF值＝可延緩肌膚曬傷的時間

| | |
|---|---|
| SPF 10～30 | 日常生活（上班、上課等短暫外出） |
| SPF 30～50 | 休閒娛樂等炎熱天氣下的活動 |

### UVA

波長長，約占地面紫外線的九成。UVA能到達真皮層，導致皺紋和肌膚鬆弛。

↓

### PA

PA值是以+號表示對UV-A的防禦效果

| | |
|---|---|
| PA＋ | 有效果 |
| PA＋＋ | 效果很好 |
| PA＋＋＋ | 非常有效 |
| PA＋＋＋＋ | 極高的效果 |

# UV防護

## 防曬的選擇方式

防紫外線成分大致可分為紫外線吸收劑（化學性防曬）及紫外線散亂劑（物理性防曬）兩種。基本上兩種成分各有其優缺點，不分軒輊。在選擇防曬時，最重要的事情是「**能毫無壓力地每天塗抹足量的防曬**。」只不過，據說雖然不常見，但有些人和嬰兒會因為吸收劑而起疹子，因此較適合物理性防曬。除此之外，比起SPF標示和UV成分，選擇質感滑順好塗抹的防曬絕不會出錯。防曬因人而異，因此建議可以透過多方嘗試，找出自己最喜歡的產品。

### 紫外線散亂劑

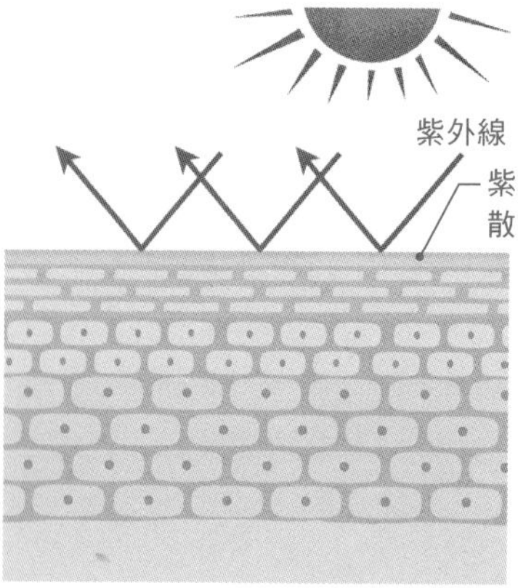


透過反射來阻擋肌膚上的紫外線，以保護肌膚。容易泛白但刺激性小，小孩子也能輕鬆使用。

### 紫外線吸收劑

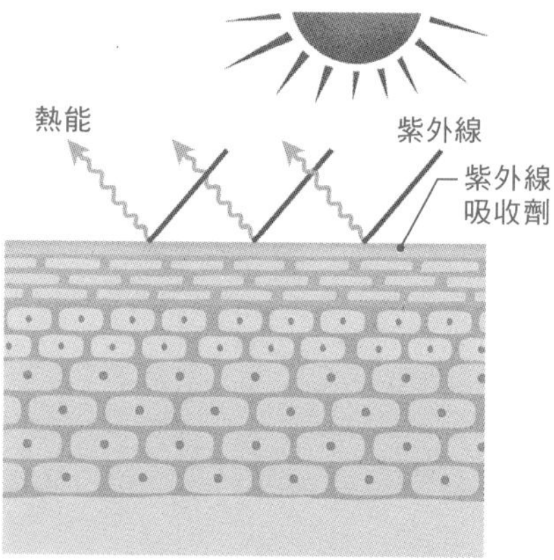


透過化學反應，將肌膚上吸收到的紫外線轉化為熱能以保護肌膚。延展性佳且不易泛白。有些人可能會對紫外線吸收劑感到有刺激或是出現過敏反應。

## 防曬的塗抹重點

**1 塗抹足夠的分量**

塗抹足夠的分量以產生原始的抗UV功效。乳液類型的防曬霜用量以「覺得擦太多」為原則。

**2 每天塗抹防曬**

不分季節、氣候及地點，每天塗抹。無論在冬季、陰天還是室內，紫外線都會到達肌膚，紫外線的傷害是日積月累的（特別是UVA）。

**3 視狀況隨時補擦**

無論SPF標示為何，容易出汗的時期都須要補擦。化妝後難以塗抹時，也可以利用防曬蜜粉補擦。

### 紫外線強度（天氣）

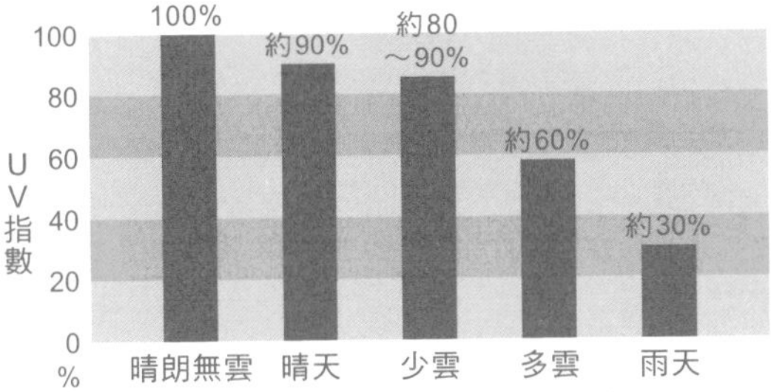


出處：日本氣象廳「晴朗無雲時UV指數為100%時，各天氣的UV指數百分比」

### 各天候的紫外線強度

當晴朗無雲的UV指數為100%，各天氣的紫外線強度。少雲和晴天的紫外線強度幾乎相同，多雲也有大約60%，因此要多加注意。

### 紫外線強度（年）

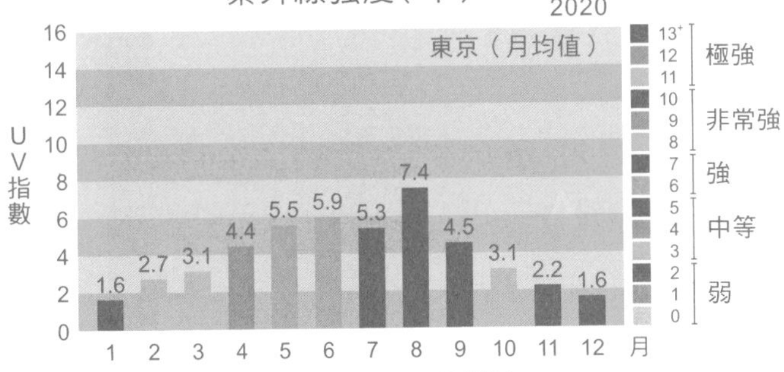


出處：氣象廳「每日最高UV指數（分析值）的年變化圖」

### 各季節的紫外線強度

八月時的紫外線理所當然最強。而二月至四月及十月則幾乎感覺不到陽光的強度，反而要格外注意。

紫外線指數：紫外線強度指標，用以清楚顯示紫外線對人體的影響程度。

# 內在護理

## 從體內讓肌膚問題歸零

內在護理 3 原則

原則 1 均衡飲食

原則 2 優質睡眠

原則 3 適度運動

### 從生活習慣打造肌膚

要打造美麗的肌膚，就一定要重新審視生活習慣，亦即「內在護理」。

舉例來說，許多人會在持續睡眠不足後出現皮膚問題。同時，讓血糖值急遽上升的飲食習慣，也已經證實是青春痘的成因。

「飲食」「睡眠」和「運動」是奠定肌膚基礎不可或缺的元素。雖然不須要嚴以律己，但是養成適合自己，且能毫不費力持續下去的「美麗肌膚生活習慣」很是重要。

內在護理 1

# 飲食

## 攝入營養素來保養肌膚

### 抗衰老飲食

根據至今的研究數據，建議採用「地中海飲食」作為健康飲食方法。

地中海飲食的特點是加入大量全穀物、綠黃色蔬菜、水果、豆類、堅果和蕈菇類等食材，以及少吃肉並多攝取海鮮。此外，油脂部分則建議攝取含有橄欖油和Omega-3脂肪酸的油脂（如亞麻仁油）。雖然地中海飲食是根據地中海地區的飲食風格所打造。但是一般認為很適合與日本料理搭配食用，相對容易融合為一。

為了健康和抗衰老，請務必重新審視一下自身飲食習慣。

**地中海飲食金字塔**

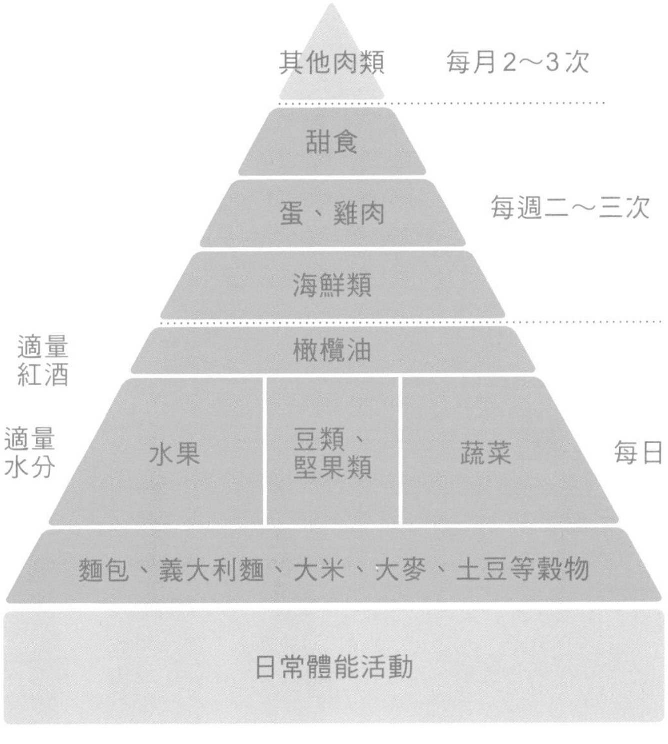

內在護理 2

# 睡眠

## 透過高品質的睡眠調整更新機制

### 分泌美肌荷爾蒙「褪黑激素」

「褪黑激素」是近年來備受睡眠研究領域關注的荷爾蒙。

褪黑激素除了具有調節生理時鐘的作用，也已被證實還具有抗糖化、抗衰老的效果。

換句話說，睡眠品質良好的人，一天的血糖值變化較小，往往不易發生糖化壓力。

當然，確保充足的睡眠時間也很重要。但是，請務必養成促進美肌荷爾蒙「褪黑激素」分泌的睡眠習慣。

### 褪黑激素分泌關鍵

**1 在相同時間起床和就寢**

褪黑激素會在照射早晨的太陽光下約十五～十六小時後分泌，並使人昏昏欲睡。這個節奏一旦崩潰，褪黑急速就無法順利分泌。因此，重點在於建立起節奏。

**2 起床後曬曬早晨的太陽**

白天沐浴在陽光下能促進褪黑激素的分泌，讓身體在夜晚一覺好眠。因此，早上醒來後，最好特意去曬太陽。

**3 夜晚避免照射強光**

夜晚一旦暴露在強光下，就會抑制褪黑激素分泌。因此，睡前應避免照射強光，例如睡前一小時不滑手機。

內在護理 3

# 運動

## 適度的運度也能提升肌肉的新陳代謝

### 運動是打造美麗肌膚的基礎?

運動可以透過增加肌肉力量來提升新陳代謝、促進血液流動，一直以來都被認為具有美肌的效果。

事實上除此之外，近年來肌聯素的美肌效果也特別引起關注。肌聯素是一種透過運動從肌肉中分泌出來的物質。具體來說，有報告指稱，肌聯素分泌量大的人不容易長斑，且肌膚彈力度高。

除了肌聯素帶來的效果，透過適度的運動鍛鍊肌肉和出汗，對於打造美麗肌膚來說也至關重要。

建議將健走作為入門運動。

每週至少運動兩次，每次至少三十分鐘，以稍微喘不過氣為原則。

COLUMN

# 化妝品標示

## 各司其職

在日本，肌膚上所塗抹的產品會根據《藥機法》的法律被歸類為「化妝品」「準藥品（Quasi drugs）」和「藥品」，且分工明確。

首先，「藥品」是指以治療疾病為目的的「藥物」，當中含有經日本厚生勞動省認可其功效和效果的有效成分。「藥品」必須在醫師指示下，確實遵循其劑量和用法。

另一方面，對人體作用溫和、以保護皮膚為目的的產品則被視為「化妝品」（在台灣稱為保養品）。

「準藥品」則是介於「化妝品」和「藥品」中間，主要以「預防」為目的。準藥品的有效成分有經日本厚生勞動省認可、聲稱具「美白」「抗皺」等效果和功效，混合濃度的劑量也有一定的規定。

舉例來說，視黃醇（Retinol，第一六三頁）有時是作為準藥品的有效成分來混合，但也可以混合成化妝品。混合成化妝品時，雖然無法聲稱視黃醇具有「抗皺」的功效和效果，但可以自由決定混合濃度。

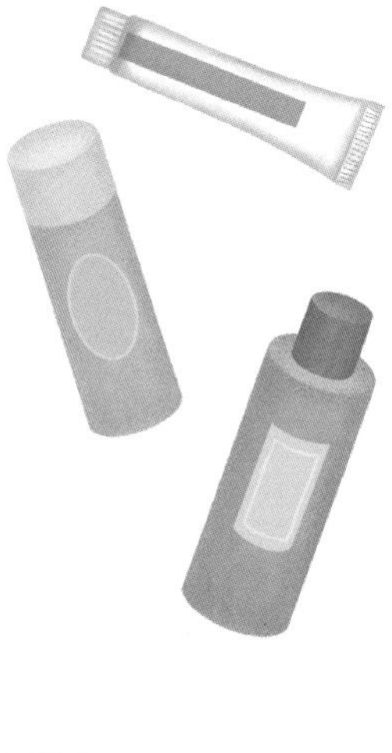

CHAPTER 3

# 肌膚問題

每個人都曾因肌膚問題而煩惱。肌膚問題的原因、類型和護理方式有很多種。讓我們一起了解問題的原因及類型，以及各種護理方式，以找出適合肌膚的方式！

# 找出適合肌膚的最佳護理方式

每個人的膚質都不同，所以肌膚煩惱也不一樣。因此，在解釋了肌膚問題的原因和類型後，我們從「肌膚護理」「內在護理」「皮膚科治療」三大途徑歸納出有效的護理方式。請試著找出最適合自己肌膚和生活習慣的方式。

## 肌膚護理

肌膚救援

屬於居家護理，主要使用保養品。針對每個問題介紹可預期效果的成分，以及注意事項。請把它作為選擇保養品時的參考，找到適合肌膚的成分及組合！

## 內在護理

肌膚救援

內在護理是透過飲食、睡眠及運動，由內而外滋養肌膚。以規律的生活為基礎，針對每個問題，了解飲食中應該攝取的營養物質，以及須要注意的習慣，並讓它成為日常定律！

## 皮膚科治療

肌膚救援

藉由皮膚科醫師提供的治療及處方藥物進行護理。肌膚問題中有些是須要視作「疾病」來治療的，例如青春痘。讓我們充分借助醫療的力量！

# 毛孔

草莓狀的黑色鼻頭毛孔。隨著年齡增長，臉頰毛孔愈來愈明顯。無論毛孔多麼可恨，它都不會消失。無論是毛孔堵塞、毛孔擴張還是毛孔鬆弛，讓我們一起根據原因採取措施！

# 什麼是毛孔？

## 肌膚問題的頭號要犯
## 毛孔是多數肌膚問題的根源

### 毛孔就是毛髮的「出口」

毛孔在醫學上是指從皮膚表面就可看見的毛囊部分。而毛囊是包圍在毛髮周圍的組織總稱。毛根的範圍則是從真皮層開始，一直延伸到皮膚表面。

換句話說，毛孔是毛髮露出於皮膚表面的出口，絕對不僅只是一個孔洞。毛孔作為皮膚的原生功能而存在，因此不會消失。順帶一提，毛囊分布在除了嘴唇、手掌和腳掌以外的全身體表皮膚上，因此毛孔也遍布於人體全身各處。

### 分泌皮脂、汗液及調節體溫

雖然毛孔在結構上只是「毛髮的出口」。但毛孔在毛囊中承擔著許多重任。首先，毛孔是皮脂和汗液等分泌物的出口。皮脂在皮膚表面與汗水等水分混合後，覆蓋於表面，具有保護肌膚免於受到外部刺激的重要作用。此外，汗液是由汗腺產生，毛孔則負責讓汗水散發至體外，藉此降低和調節體溫。

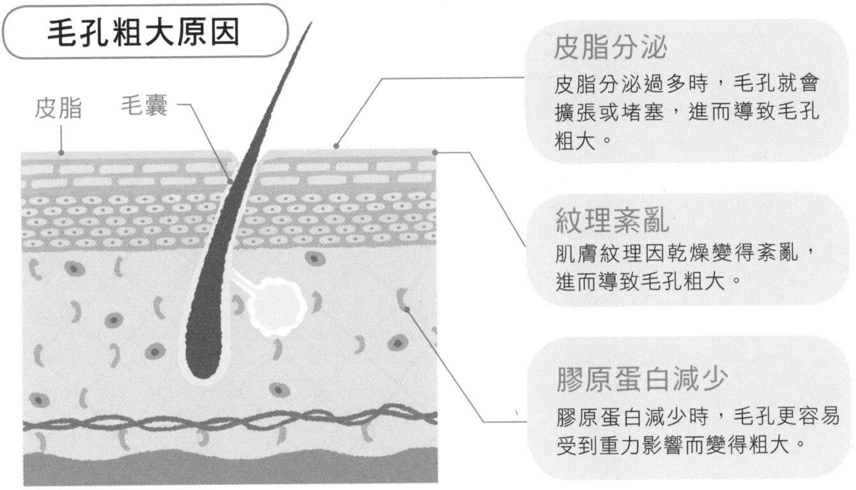
毛孔粗大原因
皮脂
毛囊
皮脂分泌
皮脂分泌過多時，毛孔就會擴張或堵塞，進而導致毛孔粗大。
紋理紊亂
肌膚紋理因乾燥變得紊亂，進而導致毛孔粗大。
膠原蛋白減少
膠原蛋白減少時，毛孔更容易受到重力影響而變得粗大。

## 毛孔粗大的主因

主要原因與①皮脂分泌和②膠原蛋白減少有關。鼻子、額頭與下巴等「T字部位」由於皮脂分泌旺盛，因此與其他部位相比，毛孔更容易變粗大。另一方面，也有許多人深受臉頰部位毛孔粗大的困擾。雖然在臉部中，臉頰的皮脂分泌不如鼻子等部位旺盛，但卻是容易乾燥的部位。乾燥所導致的紋理紊亂，也可能成為臉頰毛孔粗大的原因之一。

此外，臉頰部位也容易受到下垂引起的重力影響。因此，當真皮層的膠原蛋白隨著年齡增長而減少，皮膚的彈性就會降低，重力也會更輕易被施加到毛孔內，使得毛孔容易變得粗大。

**Q 皮脂分泌過多會發生什麼事？**

**A** 雖然皮脂具有屏障功能。但是，皮脂分泌過多可能會導致肌膚問題。最典型的就是毛孔堵塞所引起的青春痘（請參閱第六八頁～）疾病。除此之外，脂漏性皮膚炎（請參閱第一一四頁～）也可能因皮脂過多而惡化。在皮脂過多的情況下敷面膜，還可能導致屏障功能下降。

# 毛孔類型

毛孔主要分為三種類型
請確認看看您是哪種類型！

TYPE 1
## 堵塞型毛孔

毛孔因「粉刺」堵塞而擴張的狀態。粉刺則是皮脂和角質的混合物。容易發生在T字部位。

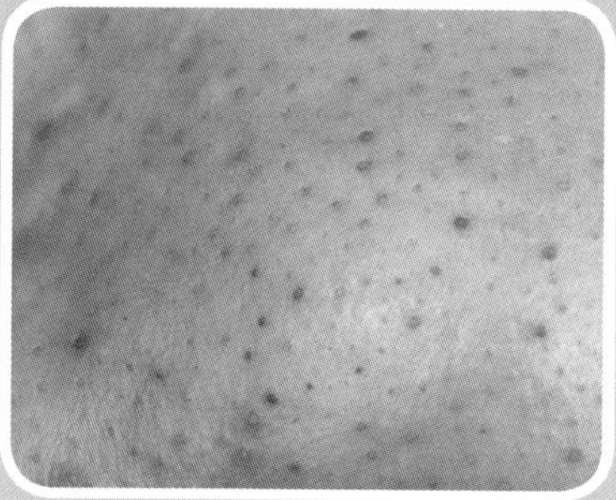

© Keechuan | Dreamstime.com

CHECK! ☑

- ☐ 發生在T字部位
- ☐ 有些地方呈現黑色
- ☐ 布滿小顆粒

TYPE 2
## 擴張型毛孔

毛孔因皮脂分泌過多或乾燥，擴張如研缽的狀態。容易發生在T字部位和臉頰。

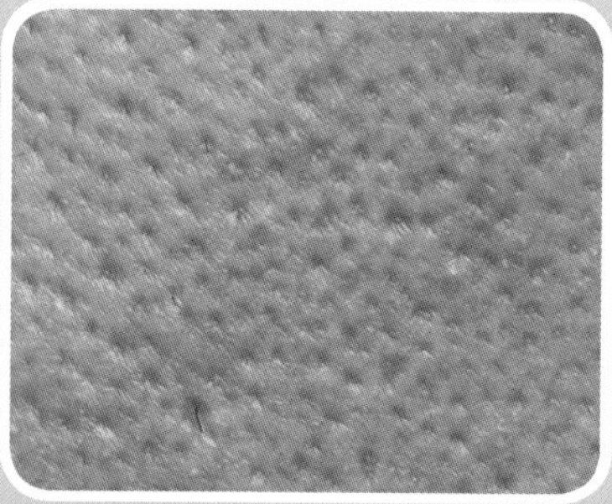

© Thanakon Niamchaona | Dreamstime.com

CHECK! ☑

- ☐ 發生在T字部位
- ☐ 表面平滑
- ☐ 布滿油光
- ☐ 夏季特別嚴重

TYPE 3

## 鬆弛型毛孔

真皮的膠原蛋白等纖維含量與品質下降，導致肌膚失去緊緻度，毛孔因肌膚鬆弛而擴張的狀態。容易發生在臉頰上。

© Srisakorn Wonglakorn | Dreamstime.com

CHECK! ☑

- □ 臉頰毛孔特別粗大
- □ 隨著年齡增長，毛孔愈來愈大
- □ 將肌膚往上拉提時，毛孔粗大的情況就會消失。

mini COLUMN

### 或許是痘疤！

以為是毛孔堵塞，其實是痘疤的情況並不少見。雖然兩者都是由毛孔所引起，但請注意兩者的處理方式並不一樣。如果一直無法完全治癒，請參考下方檢查表，確認是否為痘疤。

CHECK! ☑

- □ 尺寸比普通毛孔大
- □ 一年四季的尺寸都一樣

TYPE 1

# 堵塞型毛孔

## 皮脂和角質堵塞的毛孔

### 粉刺堵塞導致毛孔粗大

堵塞型毛孔，顧名思義就是指皮脂和角質混合而成的「粉刺」堵塞毛孔的狀態。

當粉刺堵塞，不僅毛孔會被撐開而變得粗大，還會與周圍組織的光線折射產生差異，讓肌膚紋理看起來相當粗糙。

如此一來，毛孔會更加明顯，肌膚也沒有光澤。此外，當粉刺堵塞毛孔，皮脂就會積聚在該處，一旦因此發炎，還會引發青春痘。

### 皮脂分泌量是主因？

毛孔堵塞的原因有很多，但是，皮脂分泌過多會增加毛孔堵塞的機率。

此外，因更新週期紊亂而導致的「角質肥厚」也會堵塞毛孔。

當皮脂經由毛孔中的皮脂腺分泌出來，一般會從毛孔的出口流出。此時，毛孔周圍的角質如果變厚和變硬（角質增厚），毛孔就會堵塞，原本應該從皮脂腺流出的皮脂，就會不斷

## 毛孔堵塞的過程

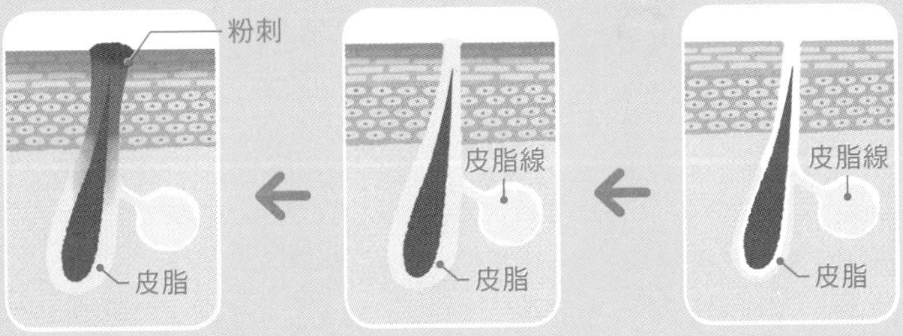


**正常狀態的毛孔**

皮脂分泌正常，沒有多餘的皮脂與髒汙滯留在毛孔中。

**開始被粉刺堵塞的毛孔**

皮脂無法順利代謝，開始滯留在毛孔。

**毛孔被粉刺堵塞**

老廢角質和皮脂混合後形成粉刺。

積聚在此。

當皮脂堵塞毛孔，就會形成青春痘（粉刺）。

皮脂的分泌量不僅與荷爾蒙有關，也與生活方式極為相關。具體來說，皮脂會受到飲食、紫外線損傷以及壓力的影響。

舉例來說，如果偏好速食或持續偏食，體內的維生素B群就容易耗盡。在維生素B中，維生素B2和B6具有抑制皮脂分泌的作用。因此，當這些維生素分泌不足，皮脂分泌就會增加。

此外，近期也有研究顯示，若分泌皮脂的「皮脂腺細胞」無法順利發揮自噬作用，以分解和消化自我，將有可能讓皮脂不再分泌並迅速累積。

**Q 有可能是毛髮？**

**A** 大多數時候，我們會將「毛髮」誤以為是毛孔黑頭。如果使用特殊的放大鏡，就較容易分辨出黑頭和毛髮。如果是毛髮，可以透過除毛來處理。最有效的方法之一就是雷射醫療除毛。只不過，由於臉部毛髮比其他體毛細，效果較差。大多須要經歷數次療程才能見效。

TYPE 2

# 擴張型毛孔

## 因皮脂分泌過多而擴張的毛孔

### 皮脂分泌過多的原因

擴張型毛孔是指因皮脂分泌過多而呈現擴張狀態的毛孔。因此，擴張型毛孔的皮脂分泌量大，且常見於T字部位。特別是當夏天皮脂分泌量增加，很多人應該就會開始擔心鼻子周遭的毛孔！

皮脂在肌膚屏障功能中扮演著重要的角色，但是過多的皮脂不僅會讓毛孔擴張，還會導致滿臉油光與青春痘惡化。

此外，當毛孔擴張，毛孔的凹陷也會變得更加明顯，且容易產生陰影，與周遭皮膚的光折射率變化也會加大，莫名會給人缺乏活力的印象。

### 皮脂分泌增加的原因為何？

皮脂分泌量過多是擴張型毛孔的成因。皮脂分泌量因人而異，換句話說，皮脂分泌量大的人，往往容易有毛孔擴張的問題。

## 毛孔擴張的過程

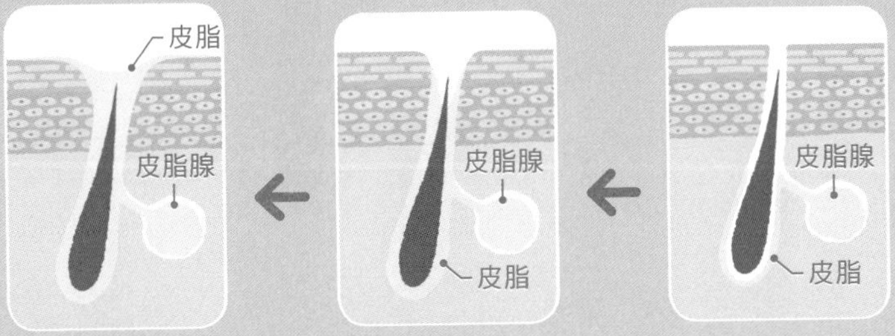


**正常狀態下的毛孔**

皮脂分泌正常，沒有多餘的皮脂和汙垢。

**皮脂分泌過多的毛孔**

皮脂分泌量變多導致毛孔開始擴張。

**擴張的毛孔**

由於皮脂分泌過多或乾燥導致彈性下降，毛孔因此擴張而變得粗大。

不僅如此，皮脂的分泌量還會受到性荷爾蒙的影響。因此，無論膚質如何，青春期時皮脂的分泌量都會增加。順帶一提，在性荷爾蒙當中，雄激素是男性激素，尤其會對皮脂分泌量造成影響。因此，男性的皮脂分泌量往往較女性多。

另外，皮脂的分泌量在種族間也有差異。中國人的平均毛孔大小較小，而黑人的皮脂分泌量較多，毛孔平均也較大。

皮脂分泌量會隨著年齡的增長而趨於穩定。偏食、抽菸等生活習慣也會導致皮脂分泌量增加，從而讓毛孔擴張的情況惡化。因此，重新審視生活習慣很重要。

**Q 毛孔縮小了？**

**A** 常有人說「用冷水洗臉能收縮毛孔」，但事實並非如此。很遺憾，毛孔的大小並無法改變。當冷水碰到臉部，毛孔附近的豎毛肌就會收縮，讓毛孔看起來似乎暫時縮小了。然而，毛孔的大小實際上並沒有改變。因此隨著時間過去，毛孔又會回到原來的狀態。

TYPE 3

# 鬆弛型毛孔

## 因肌膚失去緊緻度而鬆弛的毛孔

### 肌膚一旦失去緊緻度，毛孔就會鬆弛

有些人臉頰上的毛孔會隨著年齡增加、變老而愈來愈粗大……這很有可能是因為鬆弛。

肌膚一旦老化，真皮中的膠原蛋白和彈性蛋白含量都會減少，導致肌膚彈力（緊緻度）下降。

於是，相對於施加在毛孔上的重力，回歸原狀的力量愈趨衰落。因此，毛孔就會受到拉伸而撐開並變得粗大。這就是鬆弛型毛孔的構造。

臉頰部位容易受重力影響，因此鬆弛型毛孔大多出現在臉頰部位。要如何區分鬆弛型毛孔與其他毛孔問題，可以試著把皮膚往上拉提，如果毛孔看起來不粗大，就很有可能是鬆弛型毛孔。

### 紫外線損傷也是原因之一

除了老化，紫外線損傷也是導致鬆弛型毛孔的原因之一。

肌膚一但受到紫外線的損害，膠原蛋白的含量與品質都會下降，其原

## 毛孔鬆弛的過程

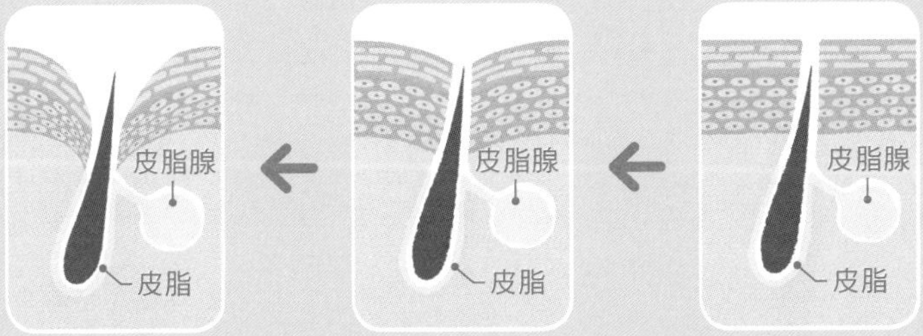


### 正常狀態下的毛孔

皮脂分泌正常，沒有多餘的皮脂和汙垢。

### 開始失去彈力的毛孔

膠原蛋白和彈性蛋白減少，肌膚彈力開始下降。

### 如研缽狀的毛孔

肌膚一旦失去彈力而無法抵抗重力，毛孔就會撐開如研缽狀且變得粗大。

來的功能將進一步衰退，從而加速毛孔鬆弛。

紫外線中的UVA波長較長，能深入到肌膚的真皮層，從而損害真皮層內的膠原蛋白和彈性蛋白。

如此一來，膠原蛋白和彈性蛋白的含量與品質都會下降，導致肌膚失去緊緻度，因而無法抵抗重力，毛孔便逐漸趨於鬆弛。

毛孔一旦鬆弛，就會和擴張型毛孔一樣，因為凹陷的陰影而變得更加明顯。提到鬆弛問題，許多人會認為自己還年輕。但是，肌膚鬆弛也有可能是因為紫外線照射而引起，因此最好儘早開始護理。

特別是UVA具有能穿透雲層和玻璃的特性。因此，即使在陰天或室內，也請注意不要忽視紫外線護理。

**Q** 鬆弛型毛孔可以透過肌膚護理獲得改善嗎？

**A** 在鬆弛章節（第一七二頁～）中將會有詳盡的解說。除了皮膚老化外，深層組織老化更會引起肌膚鬆弛。透過肌膚護理維持真皮中的膠原蛋白，就能讓鬆弛的毛孔變得較不明顯。但是說到底，除了肌膚護理，也須要重新審視生活習慣等，才能改善肌膚鬆弛。

肌膚救援 1

# 肌膚護理

透過居家護理改善肌膚

## 護理1 避免過度洗臉

### 避免過度清洗毛孔

有些人非常在意毛孔問題，往往會利用妙鼻貼拔出粉刺，或是用力搓洗臉部。這種做法長期下來對皮膚會成為極重的負擔，反而讓毛孔變得更加粗大。許多人不斷重複這種做法，因而持續受到毛孔問題的困擾。

洗臉的關鍵在於輕柔地洗淨。將洗面乳澈底起泡，並用大量的溫水沖洗。避免使用擦拭清洗的方式，選擇弱酸性或無酒精的洗面乳，減少肌膚的負擔。

泡沫充足

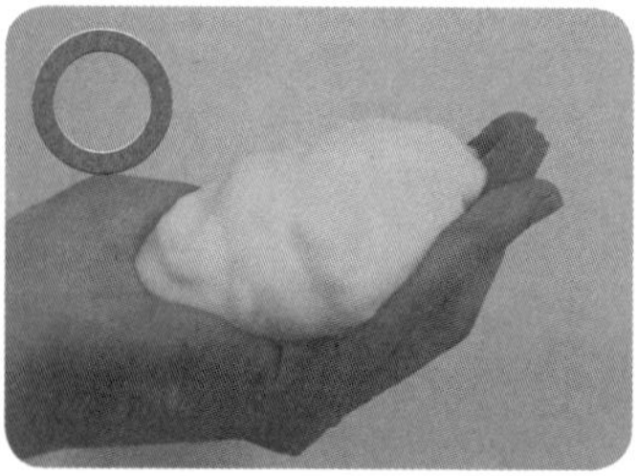

即使放在肌膚上，手部也能不接觸到肌膚溫柔地清洗。

泡沫不足

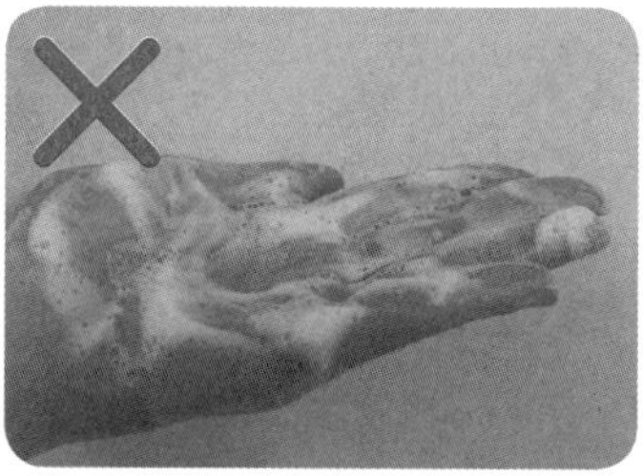

由於泡沫不足，塗抹在肌膚上時會產生摩擦。

護理 2

# 對毛孔有效的成分

## 依照原因選擇有效的成分

毛孔粗大的原因主要與皮脂分泌和堵塞，以及皮膚彈性有關。因此，在選擇保養品時，依照原因選擇適合的成分是一大原則。

舉例來說，如果是堵塞型毛孔，選擇可以消除堵塞的水楊酸成分將頗具效果；如果是擴張型毛孔，則可以選擇能夠抑制皮脂分泌的視黃醇、菸鹼醯胺、維生素C和杜鵑花酸等有效成分。

另一方面，如果是鬆弛型毛孔，則建議使用能夠促進膠原蛋白生成的視黃醇、維生素C以及胜肽等有效成分。

### 對毛孔有效的成分

| 成分名稱 | 特性 |
| --- | --- |
| 視黃醇 | 有促進更新的作用，能有效對抗微小皺紋。此外，也具有抑制皮脂分泌和減少紫外線損傷的效果。 |
| 菸鹼醯胺 | 不僅具有抑制皮脂分泌和促進膠原蛋白生成的功效，還能改善肌膚屏障功能並具有美白效果。容易與其他成分搭配使用。 |
| 維生素C | 能透過抑制皮脂分泌和促進膠原蛋白生成來有效改善毛孔問題。還能透過抑制黑色素生成和抗氧化作用，有效改善斑點問題。 |
| 杜鵑花酸 | 不僅具有抑制皮脂分泌的功效，還有抗發炎作用。能有效改善青春痘及酒糟性皮膚炎（肌膚泛紅的一種）等問題。杜鵑花酸的特點之一還有可以在懷孕期間使用。 |
| 胜肽 | 具有產生膠原蛋白、賦予肌膚緊緻度的功效。 |
| 水楊酸 | 煥膚成分之一。對皮脂腺具有高度相容性，能有效改善毛孔堵塞（請參閱第一三一頁）。 |

# 內在護理——從體內讓肌膚問題歸零

## 護理1 抑制皮脂分泌的飲食

### 利用維生素B抑制皮脂分泌

荷爾蒙與皮脂分泌有關，因此，很難僅透過特定的營養素物質進行控制。然而，若是經常吃速食、甜食或是持續偏食，皮脂分泌量就容易增加。因此，請注意均衡飲食。

脂質是皮脂的元素，與脂質代謝相關的營養物質之一就是維生素B。偏食的生活型態，對於B2和B6等維生素B往往攝取不足。一般認為，缺乏維生素B將導致皮脂分泌增加。肝臟中富含維生素B2，雞胸肉和紅色的魚肉中則富含維生素B6。維生素B在相互作用時會對身體產生功效。因此，在補充時最好攝取複合物（多種維生素）。

除此之外，有數據顯示，牡蠣和牛肉當中所富含的鋅元素，也有抑制皮脂分泌的效果。

護理 2

# 口服膠原蛋白

## 透過賦予肌膚緊緻度改善毛孔

膠原蛋白一旦減少，肌膚將不再緊緻，毛孔就更容易變得粗大。膠原蛋白的減少實際上是從二十幾歲開始。服用膠原蛋白能夠有效補足流失的部分。

事實上，有實驗結果顯示，每天攝取五公克以上的膠原蛋白，能在兩個月內改善肌膚的含水量與彈力。據說，小分子的「肽」膠原蛋白，吸收力更佳，且更具功效。

只不過上述實驗較不具規模，因此沒有足夠的證據。

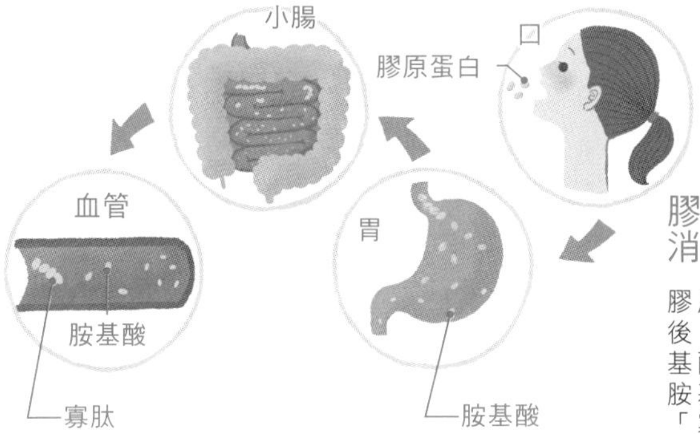


**膠原蛋白的消化機制**

膠原蛋白被胃分解後，成為單體「胺基酸」以及由數個胺基酸相連而成的「寡肽」，再被腸道吸收，並輸送到血液中。

**Q 在飲食中加入膠原蛋白是否有效？**

**A** 雞翅和牛筋中富含膠原蛋白，可以從飲食中攝取。只不過，必須持續攝取這類食物才能確實感覺到膠原蛋白的效果。每日持續食用富含膠原蛋白的食物較不切實際。因此，可以考慮服用膠原蛋白補充劑作為選項之一。

肌膚救援 3

# 皮膚科治療

借助醫療力量穩步改善

## 透過去除粉刺＋產生膠原蛋白消除毛孔問題

治療毛孔的目的為①去除毛孔汙垢，以及②復原擴張的毛孔兩大重點。

雖然治療方式因毛孔類型而異，但基本上，治療方式大多是①去除粉刺↓②產生膠原蛋白的組合。

去除粉刺是透過去除堵塞在毛孔中的粉刺，以消除毛孔堵塞的治療。典型的方式為水煥膚。

促進肌膚再生的治療方式，能有效產生膠原蛋白。在皮膚上製造出許多細微的孔洞，藉此促進肌膚再生並讓膠原蛋白生成。典型的方式為微針、飛梭雷射以及煥膚等。

一旦按照①去除粉刺↓②產生膠原蛋白的順序進行，雷射和煥膚就能更均勻地作用在皮膚上。

上述每種治療都有許多類型。因此，最好根據毛孔的狀態以及治療風險等各種條件，與醫師協商後再做選擇。

## 有效的組合療法

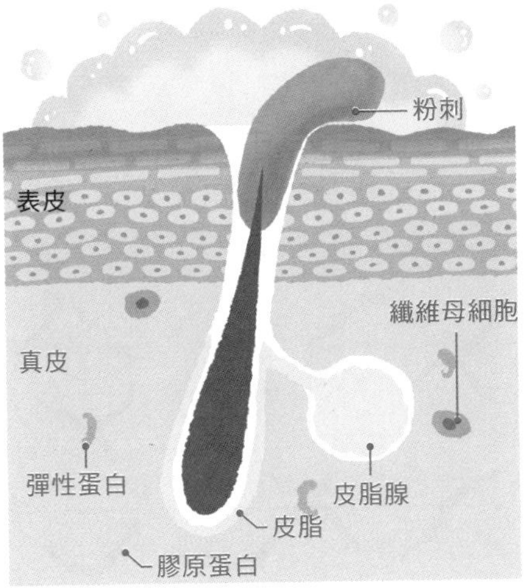


### 去除粉刺

治療方式是利用水流的力量，讓堵塞在毛孔中的皮脂和老廢角質浮出，藉此清洗毛孔，同時也能導入保濕成分。

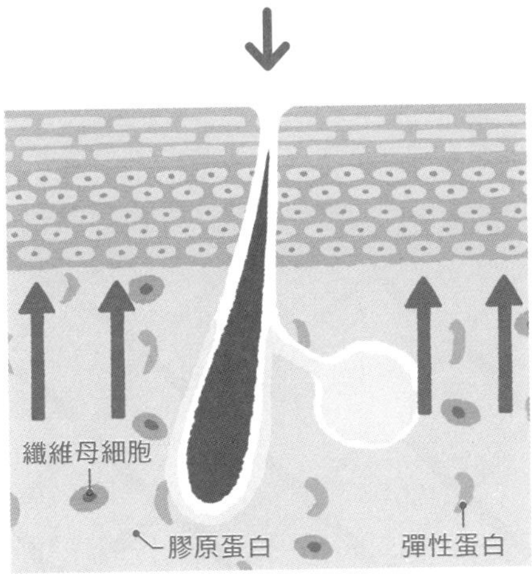


### 產生膠原蛋白

在肌膚上製造出許多細微的孔洞等，透過留下細微的傷口，讓肌膚產生自然癒合的能力，並促進肌膚再生，從而產生膠原蛋白。

**Q 清洗毛孔是否有效？**

**A** 清洗毛孔雖然能夠有效去除堵塞的粉刺，但很遺憾，效果是暫時性的，只能去除表面的粉刺，毛孔很快又會堵塞。只不過，在進行雷射等美容治療前，清洗毛孔可以讓熱能均勻進入毛孔，有望提升治療效果。因此可以視情況採用。

# 去除粉刺

## 水飛梭

### 利用水的力量去除皮脂和角質

水飛梭治療是利用水流的力量去除汙垢。利用漩渦狀的水流接觸肌膚，並搭配煥膚藥劑，讓堵塞毛孔的皮脂和老廢角質浮出。

能夠去除平常洗臉時無法清除的汙垢，因此就連毛孔深處也能清潔乾淨。

此外，還能同時導入保濕成分，因此能在一定程度上減少治療後的肌膚乾燥。

除了清除毛孔堵塞，預期也能有效預防青春痘。

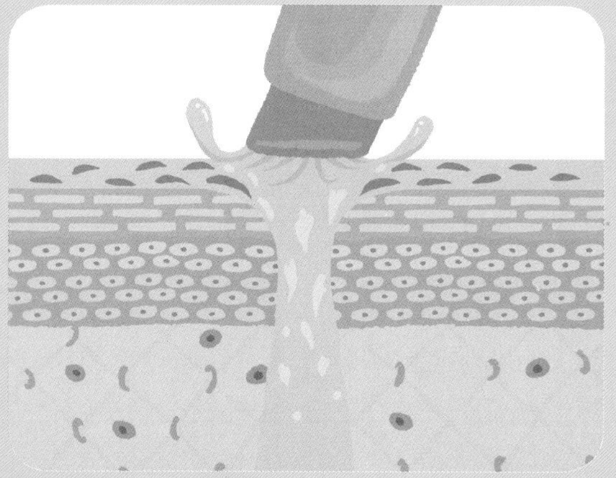

選擇 POINT

- 一次療程就能感覺到效果
- 可以和其他治療併行
- 幾乎不須恢復期、不會疼痛
- 還能有效預防青春痘

護理 2

# 產生膠原蛋白

## 微針

### 在皮膚上製造出孔洞促進再生

微針治療是透過在肌膚上製造出許多細微的孔洞，以促進肌膚重生。透過提升肌膚恢復力，讓膠原蛋白和彈性蛋白含量增加，從而提高肌膚緊緻度與彈性。

除此之外，由於微針治療還能促進更新，不僅能讓毛孔不再粗大，還能有效改善肌膚緊緻度及微小皺紋。另外，也能配合目的，讓含有美容成分的藥劑滲透至肌膚中，以獲得美白功效。

相較於飛梭雷射，較不容易發生「發炎後色素沉澱」（請參閱第九二、一四四頁）的情況，且恢復期短，大約數天左右。因此，微針治療是近年來較為流行的治療方法。

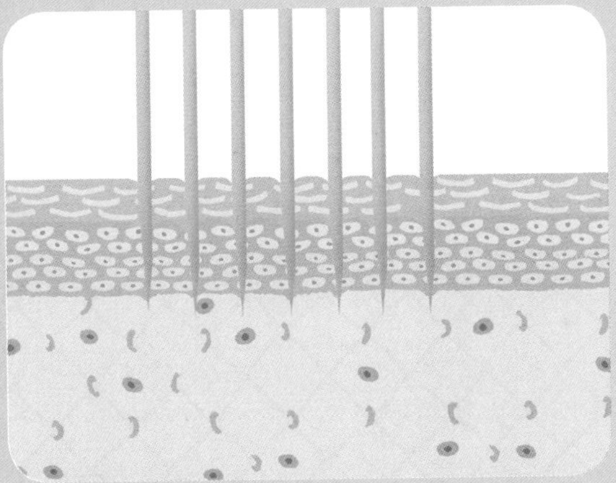

**選擇 POINT**

- 副作用風險低
- 較少疼痛
- 恢復期僅數日
- 有效改善痘疤與肌膚暗沉

## 飛梭雷射

### 傳導熱能讓肌膚再生

「飛梭雷射」是以極細微點狀光束照射肌膚的雷射。其中的$CO_2$飛梭雷射是將肌膚表面蒸熱，製造出許多細微的孔洞，並特意造成熱損傷，以促進肌膚再生。

如此一來，就能重建膠原蛋白和彈性蛋白，讓毛孔不再粗大。

飛梭治療雖然非常有效，但需要數次的療程。不過，毛孔的改善效果往往也比微針顯著。但是，飛梭治療的過程非常痛苦，而且臉部泛紅會持續一週左右，恢復期也長。其中還有些人會出現發炎後色素沉澱的情況。

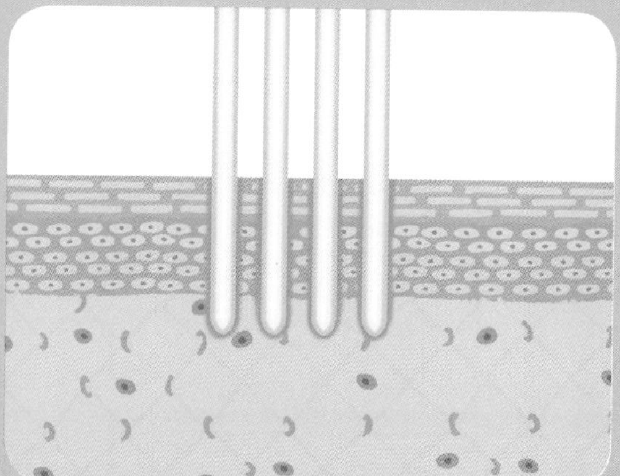

**選擇 POINT**

- 毛孔改善成效顯著
- 治療過程疼痛較強
- 恢復期約為一週
- 有發炎後色素沉澱的風險

## 煥膚

### 利用酸去除老廢角質

煥膚是利用強酸剝離皮膚，以促進肌膚再生。煥膚藥劑能透過溶解角質層，有效消除毛孔堵塞。因此，也可望能有效預防青春痘。

**選擇 POINT**

- 價格相對便宜
- 治療過程中會有刺痛感
- 有效改善肌膚暗沉與斑點
- 恢復期約為數日（取決於療程類型）

**mini COLUMN**

## 可以選擇組合療程

**1 毛孔＋青春痘**

微針、飛梭雷射、煥膚等

**2 毛孔＋斑點**

脈衝光、脈衝光＋RF微波拉提※、煥膚等

**3 毛孔＋鬆弛**

電波拉皮、Tenor RF（射頻收緊）等RF、近紅外線治療等

※是一種將光能（脈衝光）與高頻能量（RF）傳導至真皮，促進膠原蛋白產生的治療。

COLUMN

# 臉部除毛功效

## 除毛採用的方式

最近不分男女，有愈來愈多人進行臉部除毛。

除毛的好處是，能夠減少青春痘等因毛孔所引起的問題。除此之外，鼻翼等處的毛孔若是因毛髮生長而顯得粗大，也能期待除毛帶來的成效。

另外，對男性來說，可以省去刮鬍子的麻煩，以及因刮鬍傷害引起的肌膚問題等；對女性來說，除毛後化妝效果更好也是優點之一。

最有效的除毛方式就是利用雷射的「醫療雷射除毛」。但雷射難以作用在臉部，往往要經歷多次療程。此外，偶爾也會發生「硬毛化現象」，臉部輪廓線的毛髮因照射雷射而變粗變硬，反而讓毛孔更加明顯。而雷射除鬍的療程也會伴隨高度疼痛。

其他的除毛方式還包含「脈衝光除毛」，即利用斑點治療中採用的「脈衝光（光治療）」進行除毛。該方式難以永久除毛，且需數次療程。但一般來說，疼痛度跟雷射比起來減輕許多。

# 青春痘

稍不注意就會長出青春痘。千萬不要隨便亂擠青春痘。青春痘確實是一種「疾病」。讓我們了解青春痘的成因，以及治療進程，在形成痘疤前治癒青春痘。

# 什麼是青春痘？

突發的肌膚緊急狀況
錯誤的護理方式將終生無法擺脫……



## 從毛孔堵塞到長出青春痘

大家都有過因為青春痘而感到困擾的經驗吧。青春痘與皮脂分泌增加、毛孔堵塞以及痤瘡丙酸桿菌增生等有關。其特點是容易長在T字部位（額頭、鼻子、下巴等），以及背部等皮脂腺發達的部位。青春痘尤其好發於青春期～成年期。但許多人在成年後仍持續受到青春痘的困擾。

## 青春痘的成因不止一個

青春痘的成因有很多，並且錯綜複雜地相互影響。

首先是遺傳因素。從統計學得知，如果父母患有青春痘，子女也較容易有青春痘。尤其痘疤形成的容易度也與遺傳有很大的關係（請參閱第九〇頁）。因此當事者必須儘早採取對策。

此外，青春期的荷爾蒙分泌也與青春痘有著極大的關聯性。具體來說，二次性徵將增加雄性激素荷爾蒙的分泌，從而增加皮脂的分泌。如果再加上毛孔

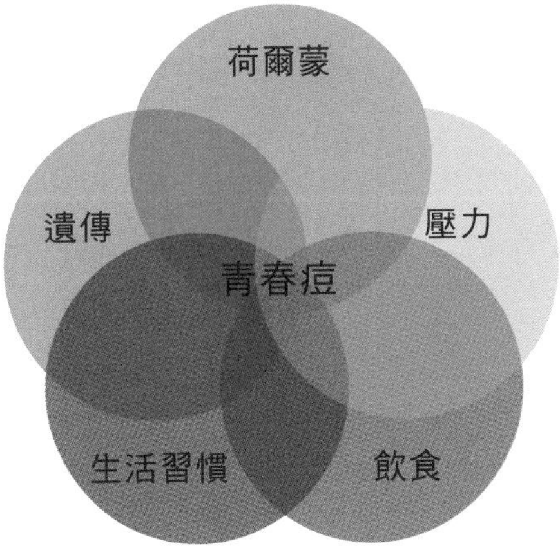


## 青春痘的成因

青春痘的成因不止一個，是由各種因素所引起。荷爾蒙是青春期時引發青春痘的主因，除此之外，成年後的青春痘形成尤其與飲食等生活習慣相關。

堵塞，就會發展成青春痘。

雄性激素的分泌會隨著步入成年而穩定下來，但女性的荷爾蒙會隨著生理周期而變動。有些人在生理期來臨前容易長青春痘，可能與荷爾蒙極為有關。這是因為在排卵後的「黃體期」，黃體酮荷爾蒙的分泌會增加，從而促進了皮脂的分泌。

另外，如果是所謂的「成人青春痘」，除了荷爾蒙外，生活習慣也有可能導致青春痘惡化。這當中和更新週期有著很大的關係。當更新因睡眠不足、飲食不正常以及壓力等而紊亂，就會導致毛孔堵塞，進而發展成青春痘。

青春痘最初是始於毛孔堵塞。雖然皮膚科的藥物對於預防青春痘有著最重要的作用，但是重新審視生活習慣也是不可或缺的。

**Q** 生理期前的青春痘對策為何？

**A** 從排卵後到生理期前，受到「黃體酯酮」荷爾蒙分泌增加的影響，皮脂分泌量變多，進而容易引發青春痘。避開增加皮脂分泌的食物（請參閱第七八頁），注意飲食均衡，或是睡個好覺等，努力養成良好的生活習慣。在肌膚護理中，儘量減少油分也很重要。

## 青春痘會依階段惡化

青春痘首先是始於毛孔堵塞。青春痘初期被稱為微粉刺（微小面皰），小到幾乎看不見，且毛孔開始堵塞。之後，皮脂進一步積聚在毛孔中，就發展成肉眼可見的白頭青春痘（粉刺）。發展成白頭粉刺時，雖然尚未有明顯的發炎跡象，但隨時有可能發炎。

從白頭粉刺階段起，痤瘡丙酸桿菌將開始增加。痤瘡丙酸桿菌是人體皮膚常駐菌叢的一種，具有厭氧的特性。因此，對於痤瘡丙酸桿菌而言，粉刺中缺乏氧氣，是相當舒適的環境。痤瘡丙酸桿菌在其中以皮脂為生長養分，並迅速繁殖。如此一來，痤瘡丙酸桿菌便開始產生引發炎症的物質，進而引起周遭皮膚的發炎反應，白頭粉刺便發展成紅色隆起的紅色丘疹。當膿液積聚在其中就

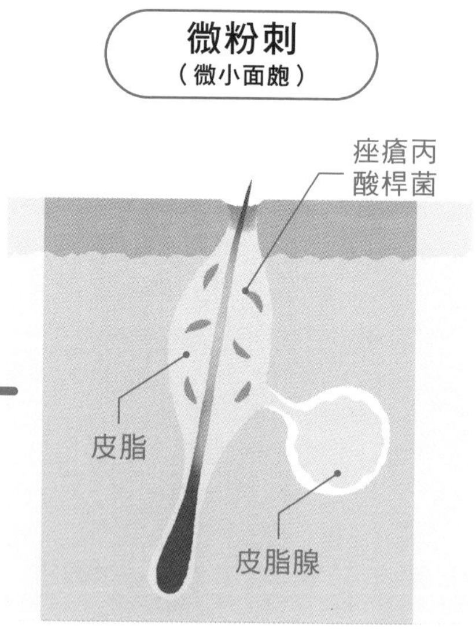


肉眼無法看見的狀態，毛孔出口變窄，且皮脂開始堵塞。

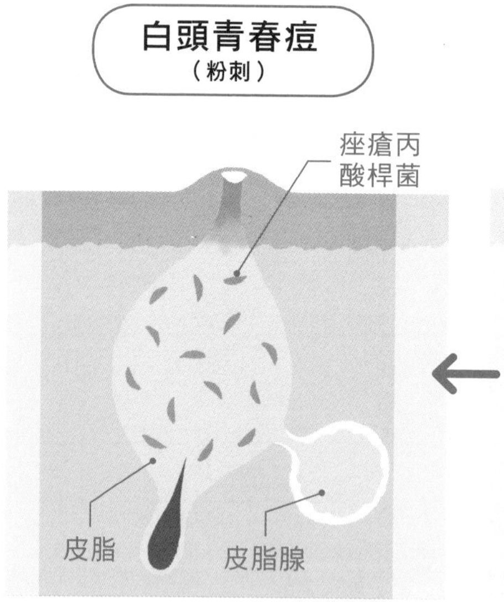


皮脂堵塞毛孔，皮膚表面出現小白點。毛囊略為擴大，痤瘡丙酸桿菌開始增加。

被稱為黃色膿皰。

而且一旦持續發炎，毛囊就會被破壞而變得僵硬和隆起，或是發展成腫塊。如果發炎的狀況拖太久，毛孔周圍的組織就會遭受破壞，最後形成痘疤。

## 皮膚科治療是重中之重

長青春痘時，許多人會利用痘痘藥膏來治療，但其實青春痘是疾病的一種。

皮膚科醫師開立的治療藥物勝過所有方法。這是因為青春痘的成因是毛孔堵塞，而只有醫療機關才能提供治療毛孔堵塞的藥物。事實上，很多時候若拖得太久，將會導致發炎情況變得愈來愈嚴重。但是，從發炎尚不明顯的粉刺階段開始治療是很重要的。在痘疤形成之前，請儘早接受皮膚科的治療吧。

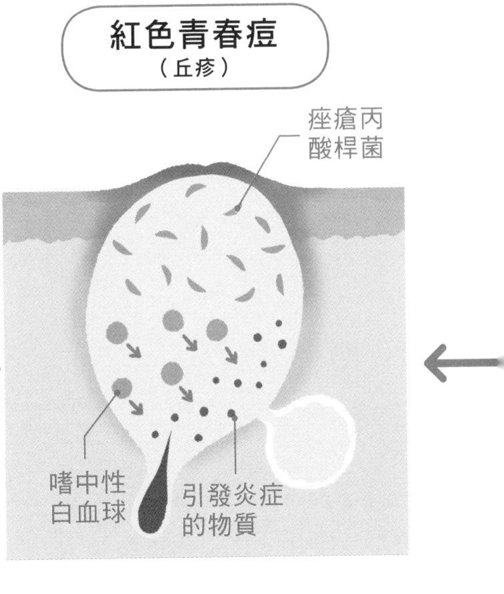


繁殖後的痤瘡丙酸桿菌進一步產生引發炎症的物質而導致發炎，讓皮膚變得紅腫。

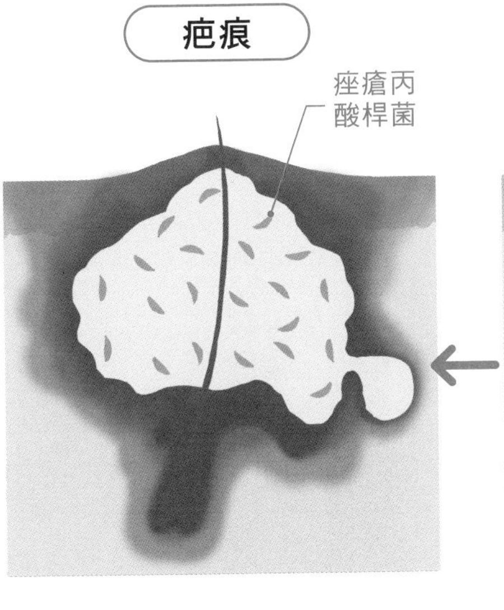


發炎加劇，成為痘疤的狀態。發炎情況延伸至周圍組織，出現泛紅和皮膚凹凸不平的情況。

# 青春痘類型

青春痘主要分為四種類型，請確認看看您是哪種類型！

## TYPE 1 白頭粉刺

皮脂堵塞毛孔的青春痘。微小而略帶白色，因此肉眼容易忽略。皮膚內的毛囊擴大，痤瘡丙酸桿菌開始增加。

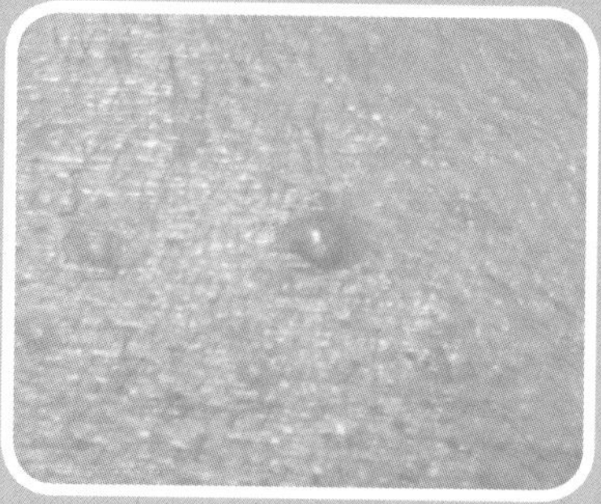

CHECK! ☑

- □ 微小而略帶白色
- □ 觸摸肌膚時感覺稍微凹凸不平

## TYPE 2 黑頭粉刺

從白頭粉刺演變而來，皮脂進一步堵塞導致毛孔擴張的狀態。皮脂被擠出後接觸到空氣氧化而變黑。如同斑點與黑痣般呈現黑色，因此肉眼較容易注意到。

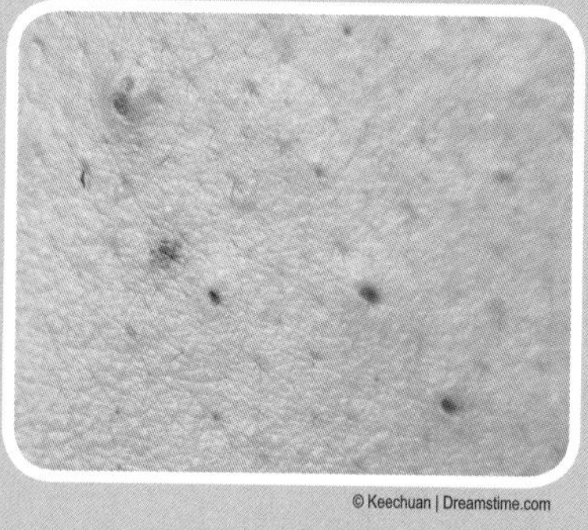

© Keechuan | Dreamstime.com

CHECK! ☑

- □ 形狀小且呈現黑色
- □ 長期呈現相同狀態
- □ 鼻頭與鼻翼兩側較多

TYPE 3

## 紅色丘疹

白頭粉刺進一步惡化並引起發炎的狀態。繁殖後的痤瘡丙酸桿菌活躍於毛囊中，並產生各種引發炎症的物質，周遭的皮膚組織也開始發炎，並呈現紅腫狀態。

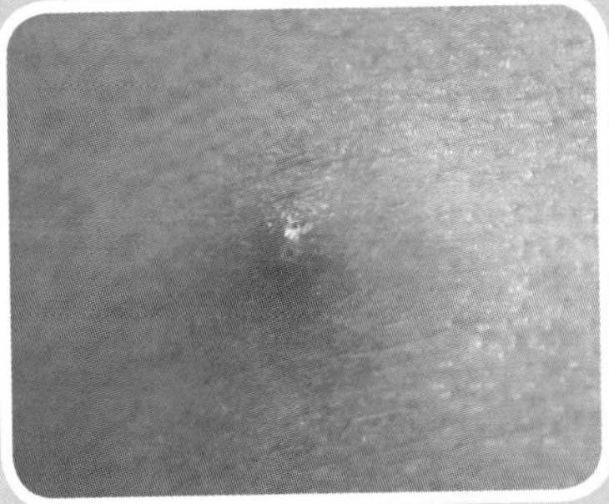

© Piman Khrutmuang | Dreamstime.com

CHECK! ☑

- □ 紅色的面皰
- □ 四周也略為泛紅
- □ 長在毛孔處

TYPE 4

## 黃色膿皰

紅色丘疹進一步惡化且膿液積聚狀態。膿液積聚在中間時呈黃色，被稱為黃色膿皰。發炎狀況容易擴散至周圍皮膚，大多會留下色素沉澱或是痘疤等痕跡。

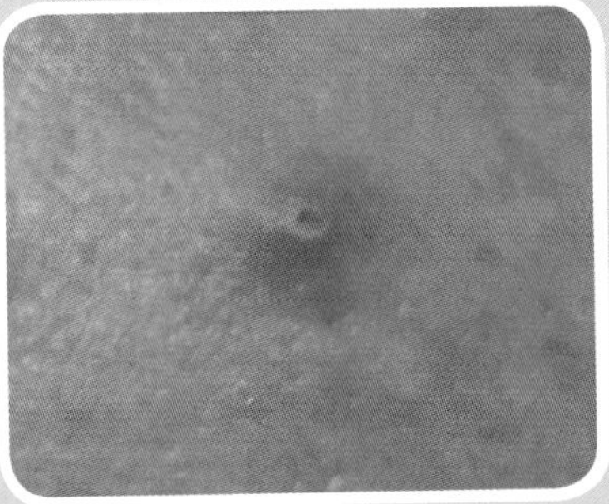

CHECK! ☑

- □ 中間略為發黃
- □ 較紅色丘疹更為腫脹
- □ 膿液滲出狀

肌膚救援

# 肌膚護理

## 透過居家護理改善肌膚

### 保養品可以達到預防的效果

市面上有許多抗痘功能的保養品。

許多人在罹患青春痘時都會審視自己的化妝及保養品。雖然這一點也非常重要，但我們必須先了解青春痘是一種「慢性」的「發炎性疾病」。

青春痘是發炎性疾病就意味著須要醫療機關的治療。青春痘的根本原因是「毛孔堵塞」，而消除毛孔堵塞的藥物原本就是要透過醫療機關才能取得。

因此，一旦罹患青春痘，就要先到皮膚科就醫，並正確塗抹處方藥物，才是最安全、最有效的治療方式。

那麼，保養品完全毫無用處嗎？事實並非如此。在藥妝店買到的肌膚護理產品中，含有使用後不易長出青春痘，以及抑制發炎等成分。重點在於「如何」使用這些產品。

換句話說，不是單靠保養品，而是搭配治療藥物進行護理，才是改善青春痘的最快捷徑。

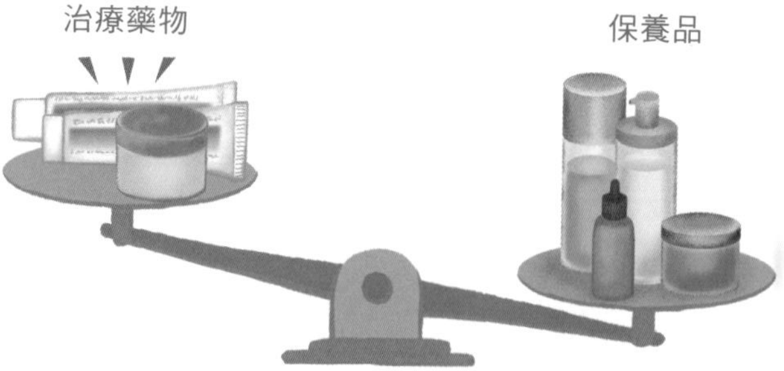

## 青春痘肌膚護理基本原則

| | |
|---|---|
| 1 溫柔地洗臉 | ● 充分起泡以吸收皮脂<br>● 利用「水楊酸」護理毛孔 |
| 2 不過度保濕 | ● 保濕能減輕處方藥物的副作用<br>● 選擇無致粉刺性的產品 |
| 3 基本的紫外線護理 | ● 每日塗抹防曬霜<br>● 要小心油分含量高的產品 |

護理 1

# 洗臉・保濕・抗UV護理

### 遵照基本護理

青春痘的基本肌膚護理方式為「洗臉」「保濕」以及「防曬」。

首先，洗臉最重要的是溫柔地清洗，尤其須要注意洗面乳的「起泡方式」。手動製造出的泡沫容易扁塌，無法順利吸附皮脂，因此讓洗面乳充分起泡很重要。此外，使用含有煥膚成分「水楊酸」的洗面乳，也有助於護理堵塞型毛孔。

即使是痘痘肌也要做到最低限度的保濕。保濕有助減少處方藥物的副作用。選擇保濕劑時，最好選擇無油或是無致粉刺性的產品。

**Q** 什麼是「無致粉刺性」產品？

**A** 「無致粉刺性」一般來說是指「不易導致青春痘（粉刺）形成」的意思。只不過，在日本只有通過特定測試的產品，才能在標籤上標註「無致粉刺性測試完成」。對於痘痘肌的人來說，最好選擇有這類標示的產品。

護理 2

# 改善青春痘的有效成分

## 有效成分大致分為四種類型

改善青春痘的有效成分依據其功效可分為「消除毛孔堵塞」「抗發炎作用」「抗菌作用」以及「抑制皮脂分泌」四種類型。各成分對於治療青春痘分別都有不同的方式。因此，請選擇適合自己肌膚的成分使用。

必須注意的是，如果是藥品或是準藥品，須確保其有效成分的混合濃度，但如果是保養品，根據產品的不同，濃度也會有所差異。因此，基本上選擇藥品或準藥品較為安全。

此外，請注意可能導致毛孔堵塞的成分。

可能導致毛孔堵塞的成分

| | |
|---|---|
| ● 綿羊油 | ● 椰子油 |
| ● 凡士林 | ● 礦物油 |
| ● 橄欖油 | ● 可可脂 |

Q 青春痘面膜護理？

A 敷面膜會增加皮脂的分泌，拿掉面膜時肌膚則會變得乾燥，並且會產生摩擦，使得肌膚屏障功能降低。屏障功能降低則會導致毛孔堵塞，最終發展成青春痘。青春痘的肌膚護理重點在於比平常更溫柔地洗臉、隨時保濕，並選擇油分最少的保濕產品。

## 四種有效成分

**1**

### 消除毛孔堵塞

消除毛孔堵塞以預防
粉刺發生

水楊酸、過氧苯甲醯（藥物）、愛達膚利（Adapalene，藥物）

**2**

### 抗發炎作用

透過抑制發炎防止青春痘
惡化

維生素C衍生物、甘草酸二鉀、菸鹼醯胺、傳明酸

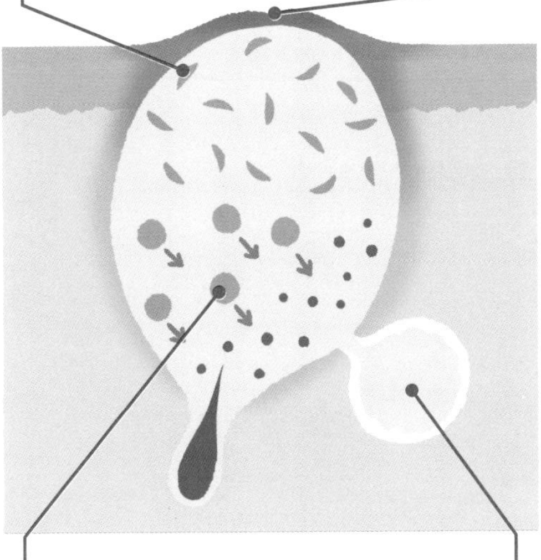

**3**

### 抑制皮脂分泌

透過抑制皮脂分泌預防毛孔
堵塞

杜鵑花酸、維生素C衍生物、愛達膚利（藥物）、菸鹼醯胺

**4**

### 抗菌作用

去除痤瘡丙酸桿菌
防止青春痘惡化

各種抗生素、過氧苯甲醯（藥物）、含硫樟腦乳液（Sulfur camphor lotion）

護理 1

# 抑制皮脂分泌的飲食

## 避開乳製品

「乳製品」等飲食被指出與形成青春痘有關。一般認為，乳製品（尤其是脫脂牛乳）能促進男性荷爾蒙分泌，增加皮脂分泌量，進而導致青春痘惡化。

此外，近年來備受關注的「乳清蛋白」是乳蛋白質的一種。有報告指稱，乳清蛋白也可能導致青春痘惡化。有飲用蛋白質習慣的人，可以選擇大豆蛋白等植物性蛋白。

**青春痘惡化與飲食**

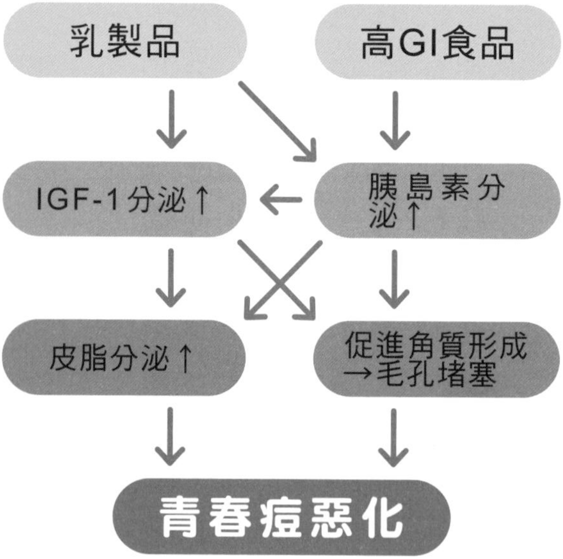

## 選擇低GI而非高GI

青春痘與飲食間還有另一項關聯性。「高GI值的食物」被指出是青春痘惡化的原因之一。GI值是指當人體吃進食物後，造成血糖上升速度快慢的指標。**讓血糖值急遽上升的食物將導致皮脂分泌過多**，進而造成青春痘惡化。高GI值的食物包括烏龍麵、白米、白土司和甜點等精製碳水化合物。相反地，麥片、燕麥片和糙米等食物GI值較低。因此，若不清楚時，可以在這些食物中做選擇。詳細資訊請參閱肌膚暗沉章節中的糖化對策（請參閱第一三六頁）。

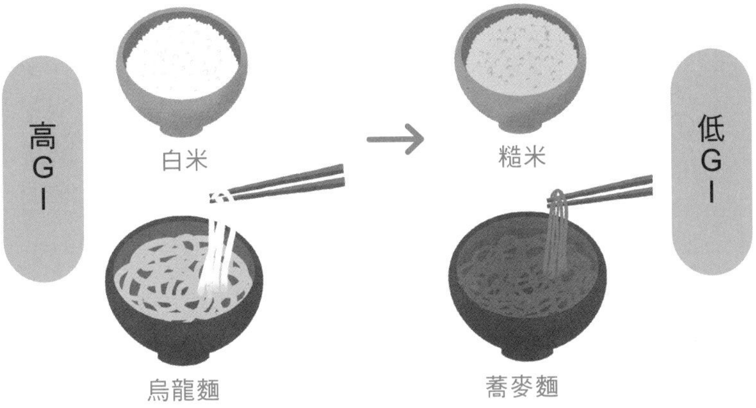


**Q** 睡眠不足為什麼會引發青春痘？

**A** 睡眠不足時，修復肌膚的荷爾蒙「生長激素」就無法順利分泌，導致週轉紊亂，毛孔因此容易堵塞。此外，我們知道誘導睡眠的荷爾蒙「褪黑激素」也與血糖控制有關。如同青春痘對策與飲食間的關係，睡眠在青春痘護理中也具有重要的作用。

肌膚救援3

# 皮膚科治療

借助醫療力量穩步改善

## 護理1 檢查青春痘狀態

### 青春痘治療具有準則

順利治療青春痘的關鍵在於儘早前往皮膚科就診。或許有人會強烈認為，要在青春痘發炎後，如出現了紅色丘疹才要去就醫。但如果在粉刺階段就注意到青春痘的存在，請務必前往皮膚科做一次檢查。

目前青春痘的治療方式已經比從前進步許多。過去只會使用抗生素治療，但現在有了更多的選擇，且能根據患者的症狀進行治療。

皮膚科的青春痘治療有其準則，醫師基本上都是遵循這些準則展開治療。因此，治療方式不會因為醫師不同而有太大的差異。

具體來說，會先透過問診詢問青春痘的進程。然後在診斷時以目視檢查的方式，由醫師實際用眼睛觀察青春痘的狀態來進行確認。接著再詢問更詳細的進程之後，開立醫師認為最適合的藥物。此時如果有必要，醫師也會針對肌膚護理以及藥物塗抹的方式做說明。

**Q** 如何提高皮膚科治療的效率

**A** 「過氧苯甲醯」（BPO）和「愛達膚利」（痘膚潤）等藥物產生效果的時間相對較長，許多患者會在中途停藥。讓藥物效果最大化的關鍵就在於持續塗抹。為此，「定期拍攝患部」「定期前往皮膚科」等維持治療的積極度很重要。

## 看診時的流程（青春痘）

**問診・診斷**

透過問診紀錄表和實際診斷詢問詳細資訊，以掌握青春痘「出現時間」「位置」和「進程」。

←

**檢查**

通常不會特別檢查，但因為有時會出現乍看之下像是青春痘，實際卻是黴菌（皮屑芽孢菌毛囊炎等）的情況。因此，如果有必要也會進行檢查。

←

**治療・藥物說明**

說明處方藥物的用法和肌膚護理方式。有些青春痘藥物是每日塗抹一次，有些是一日兩次，當中也會有須要冷藏存放的藥物。

## 問診紀錄表問題範例

- 症狀何時出現
- 當前症狀

  （搔癢、疼痛、疙瘩、泛紅、斑點、青春痘、痘疤、皺紋、黑痣、囊腫、異位性皮膚炎、其他皮疹等）
- 是否有在其他醫院接受治療
- 是否正在治療其他疾病或服用藥物
- 是否有過敏
- 是否懷孕或正在哺乳等

## 青春痘治療準則（摘錄）

| | | |
|---|---|---|
| 急性期 | 重度～中度 | 口服抗菌藥物＋愛達膚利／過氧苯甲醯<br>口服抗菌藥物＋愛達膚利<br>克林達黴素（Clindamycin）／過氧苯甲醯<br>愛達膚利／過氧苯甲醯<br>外用抗菌藥物＋愛達膚利<br>口服抗菌藥物<br>過氧苯甲醯／愛達膚利<br>外用抗菌藥物 |
| 急性期 | 輕症 | 克林達黴素／過氧苯甲醯<br>愛達膚利／過氧苯甲醯<br>愛達膚利＋外用抗菌藥物<br>過氧苯甲醯<br>愛達膚利<br>外用抗菌藥物 |
| 維持期 | 面皰 | 愛達膚利<br>過氧苯甲醯<br>愛達膚利／過氧苯甲醯 |

出處：日本皮膚科學會「尋常性痤瘡治療準則2017」

### 處方藥物隨進程而異

青春痘治療準則是透過目前收集到的資料製作而成。急性期時通常會開立抗生素（抗菌藥物），維持期時的藥物內容則會因抗藥性等風險而避開抗生素。此外，從面皰（粉刺）時期開始，就會建議積極使用改善毛孔堵塞的藥物（愛達膚利、過氧苯甲醯）。

護理 2

# 提高藥物療效

## 效果會因塗抹方式而有所不同

正確和持續塗抹皮膚科開立的藥膏有幾項具體的要點。

首先，請根據治療藥物改變塗抹方式。過氧苯甲醯苯和愛達膚利等藥物可改善毛孔堵塞，建議採用「整面塗抹」，除了肉眼可見的青春痘外，可將塗抹範圍擴大至周遭皮膚。

另一方面，抗生素藥膏則建議採用「點狀塗抹」，只塗抹在紅色丘疹處。塗抹順序方面，請先塗抹過氧苯甲醯等藥物後，再少量塗抹抗生素。

其次，在塗抹藥物前先做好保濕工作也很重要。透過保濕，可以減輕藥物對肌膚的刺激。

此外，使用初期肌膚容易受到刺激，藥物的副作用在持續塗抹時往往會愈來愈不明顯。但是，一開始可以採用「短時接觸法（SCT）」，即短時間、小範圍塗抹，再逐漸增加塗抹的時間和範圍，從而降低中途停藥的風險。

### 治療藥物的塗抹方式

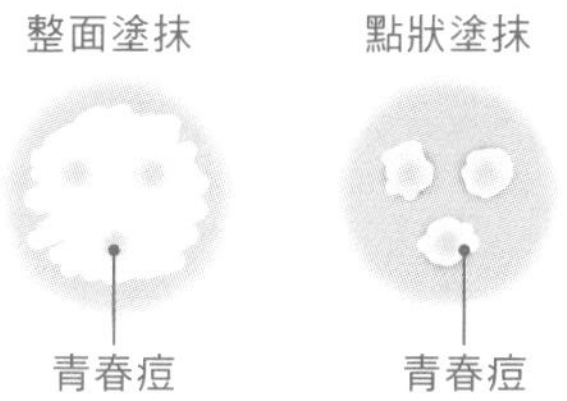


**Q** 中醫治療是否有效？

**A** 雖然中醫在青春痘治療準則中並非第一選項，但是許多時候如果與青春痘治療藥劑併用，也能改善情況。具體來說，通常會根據症狀合併開立藥物。例如出現突起的紅色疙瘩時會開立十味敗毒湯；壓力大且出現突起的腫塊時會開立荊芥連翹湯；因生理期來臨惡化且伴隨痘疤時會開立桂枝茯苓丸等。

## 青春痘治療藥物

### ❶ 抗生素

能有效對抗引起青春痘發炎的痤瘡丙酸桿菌，抑制發炎

**外用藥**

- 克林黴素（Clindamycin：凝膠、乳液）
- 那氟沙星（Nadifloxacin：乳霜、軟膏、乳液）
- 奧澤沙星（Ozenoxacin：乳霜、乳液）

**口服藥**

推薦度A

- 美樂寧（Minocycline）
- 特林黴素Vibramycin（多士林Doxycycline）

推薦度B

- Rulide（Roxithromycin）
- Farom（Faropenem）

### ❷ 過氧化苯甲醯

能有效殺死痤瘡丙酸桿菌，消除毛孔堵塞（煥膚作用）

- Benzoyl Peroxide（BPO）
- Duac（過氧苯甲醯＋克林黴素）
- 痘速零Epiduo（愛達膚利＋過氧化苯甲醯）
  均含有2.5％

### ❸ 愛達膚利

消除毛孔堵塞、有效對抗發炎、改善痘疤

- 痘膚潤Differin
- 痘速零（愛達膚利＋過氧化苯甲醯）
  均含有0.1％

# 與化妝保養品的相容性

## 治療藥物與保養品的相容性

使用藥物治療青春痘時，請仔細選擇同時使用的化妝品及保養品。在青春痘治療藥物中，尤其是過氧化苯甲醯、愛達膚利等成分相對容易刺激肌膚。若再加上合併使用的護膚產品成分，可能會更刺激肌膚。為了順利持續塗抹藥物，請務必確認各種成分的相容性。

只不過，即使具有相同的有效成分，根據產品的不同，刺激的感覺也因人而異。因此，無論是哪種產品都要先試用看看是否會覺得刺激。

**mini COLUMN**

### 懷孕期間的青春痘護理

有些藥物因為會影響胎兒，懷孕期間不能使用。首先就是愛達膚利（類視色素）。另一方面，過氧化苯甲醯及抗生素則須視情況開立。此外，國外常使用杜鵑花酸作為治療青春痘的藥物，這類藥物即使在懷孕期間也能安心使用。

| | |
|---|---|
| 禁止使用 | 愛達膚利、對苯二酚（美白劑） |
| 須謹慎使用 | 過氧化苯甲醯、水楊酸（高濃度除外） |
| 允許使用 | 抗生素、杜鵑花酸、維生素C、AHA（甘醇酸）等 |

## 青春痘治療藥物與化妝保養品的相容性

### ○ 推薦併用

愛達膚利 / 過氧化苯甲醯 × 菸鹼醯胺

具有減少刺激感的效果

愛達膚利 × 對苯二酚

提高痘疤色素沉澱（請參閱第九二頁）的改善效果

### △ 須謹慎併用

愛達膚利 / 過氧化苯甲醯 × 維生素C

合併使用可能會增加刺激，建議分開使用。白天使用維生素C，夜晚使用愛達膚利、過氧化苯甲醯

愛達膚利 / 過氧化苯甲醯 × 煥膚成分

刺激感可能會增加。相較於免沖洗煥膚成分，沖洗式成分（洗面乳等）更容易吸收

### ✕ 禁止併用

過氧化苯甲醯 × 對苯二酚

已知具有色素沉澱風險

COLUMN

# 身體上的青春痘

## ① 背部的青春痘

背部、胸部、肩部等身體各部長出的紅色囊腫，大多數都能透過類似一般青春痘的治療方式來改善。但有時這些囊腫有可能是「皮屑芽孢菌毛囊炎（Malassezia folliculitis）」。

馬拉色菌（Malassezia）是一種皮膚常駐菌叢，特性是喜好皮脂。在皮脂和汗液分泌增加的春夏之際，尤其容易繁殖。如果是皮屑芽孢菌毛囊炎，就須要利用抗真菌藥物治療，而非一般的青春痘治療藥物。重點在於當青春痘難以治癒，請不要自行判斷情況，而是儘早前往皮膚科進行診斷。

## ② 上臂的青春痘

上臂長出的紅色囊腫通常是「毛囊角化症（Keratosis pilaris，又稱毛孔角化症）」。在這種情況下，角質會因更新異常而積聚在毛孔中，導致皮膚表面泛紅、突起。肌膚表面變得粗糙，因此也被稱為「鮫肌（魚鱗皮）」。

通常大多數的人在三十歲過後就會自然改善。但是，對此感到在意的人，可以利用尿素或水楊酸進行角質護理，或是請皮膚科醫師開立類視色素（維A酸），也可以嘗試煥膚療法等。

CHAPTER 3

# 痘疤

青春痘癒合後的疤痕不會消失？不會隨著時間消失就是警訊。如果因不當護理導致惡化，可能為時已晚。耐心護理青春痘與痘疤，同時防止惡化及復發。

# 什麼是痘疤？

## 青春痘癒合後的疤痕不會消失？惡化後會變成凹凸肌

### 青春痘引起的發炎痕跡

痘疤是指青春痘引起的發炎消退後，留下泛紅、色素沉澱和凹凸不平等皮膚變化的狀態。

如果是發炎引起的暫時性泛紅或色素沉澱，大多會隨著時間逐漸消失。然而，如果發炎反應劇烈，或是發炎時間拖長，就容易留下凹凸不平的「疤痕（坑狀疤）」，而且很難利用一般的青春痘治療藥物改善。因此，首先最重要的就是專心治療青春痘。

### 容易留下痘疤的人

近年的研究中，清楚說明了容易留下痘疤的人所具備的特徵。

包含①青春痘發炎和嚴重程度高、②青春痘持續期間長、③家族中有人容易留下痘疤、④有觸碰青春痘的惡習四點。另一方面，也有報告指稱，膚質和性別與痘疤的形成沒有太大關係。

尤其是第④點，因為許多人已在不知不覺中養成了習慣。因此，請確認看看是否會無意識觸碰青春痘。

**Q** 為什麼沒有擠破卻惡化？

**A** 即使沒有擠破青春痘，當發炎反應劇烈，或是發炎時間拖長，也可能會形成膿液，並發展成「黃色膿皰」。如果青春痘伴隨著膿液，請儘快諮詢皮膚科醫師，以進行治療並排出膿液，儘早改善症狀。

## 是否屬於容易留下痘疤的類型？

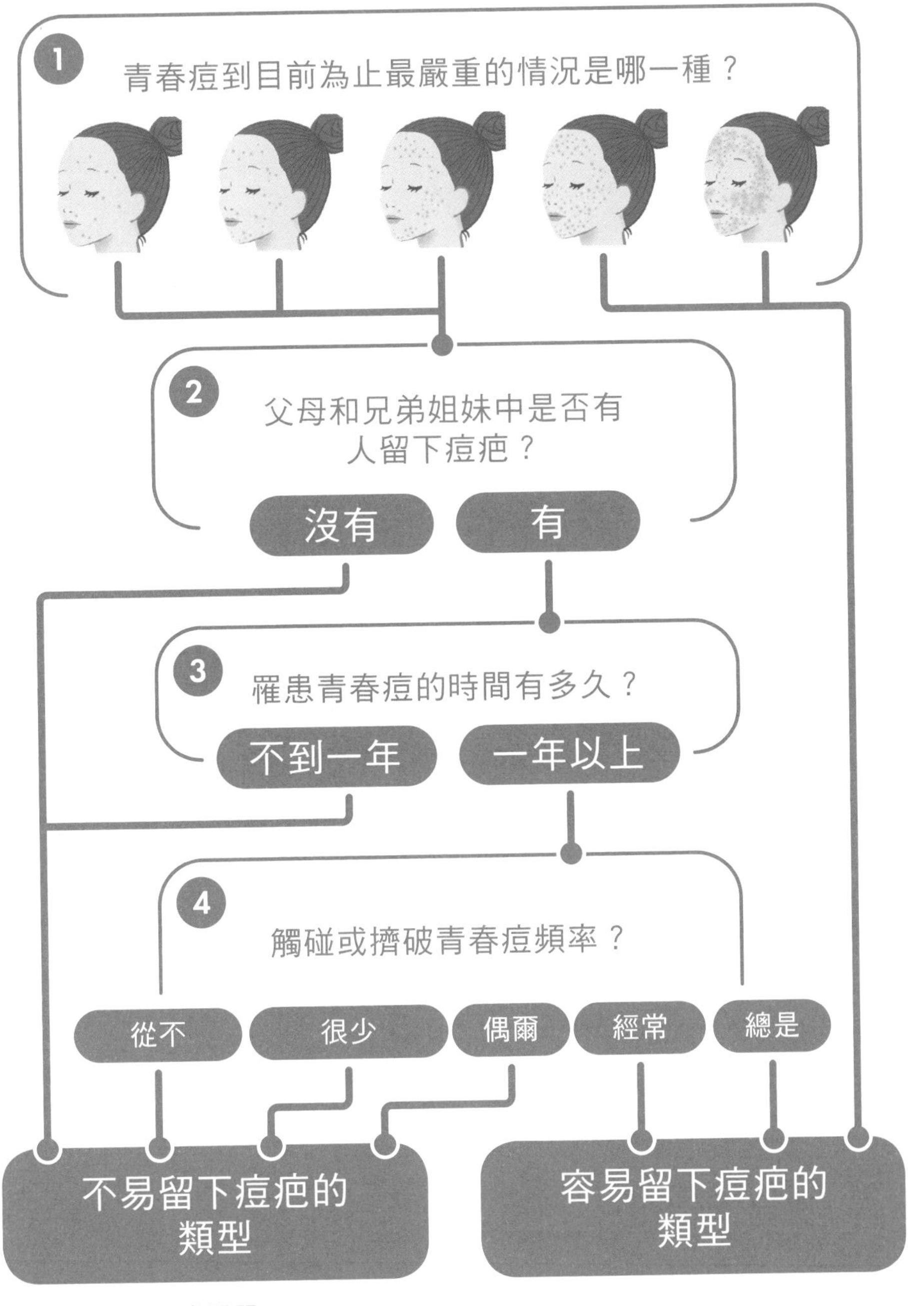

1
青春痘到目前為止最嚴重的情況是哪一種？
2
父母和兄弟姐妹中是否有人留下痘疤？
沒有
有
3
罹患青春痘的時間有多久？
不到一年
一年以上
4
觸碰或擠破青春痘頻率？
從不
很少
偶爾
經常
總是
不易留下痘疤的類型
容易留下痘疤的類型

# 痘疤類型

痘疤主要分為四種類型
請確認看看自己是哪種類型！

## TYPE 1 發炎後紅斑

發炎造成微血管新生，微血管擴張而變得明顯的狀態。通常是暫時性的，但也可能會持續存在。眾所周知，大多數的疤痕都是來自發炎後紅斑。

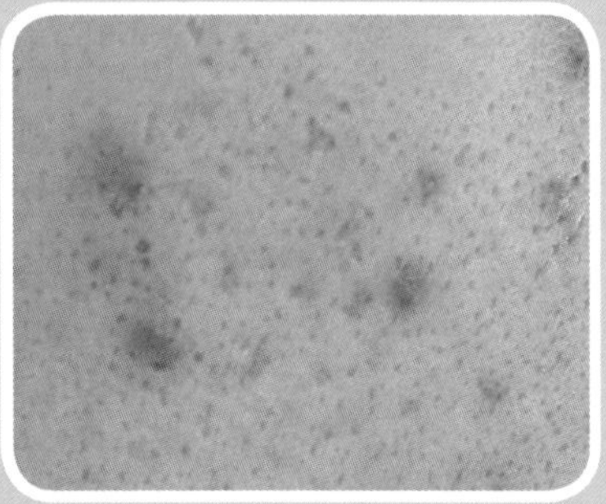

© Chernetskaya | Dreamstime.com

CHECK! ☑

- ☐ 紅斑殘留
- ☐ 皮膚表面平坦，有時也會凹凸不平
- ☐ 較細的血管突起

## TYPE 2 發炎後色素沉澱

發炎產生的黑色素導致色素沉澱的狀態。通常是暫時性，但也有可能拖長持續時間。發炎後色素沉澱是初期痘疤的常見類型。

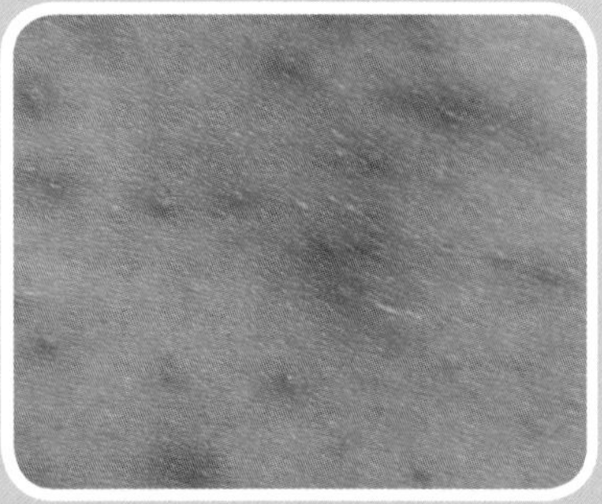

© Chalermphon Kumchai | Dreamstime.com

CHECK! ☑

- ☐ 看似棕色斑點
- ☐ 皮膚表面平坦
- ☐ 顏色由深到淺不一

TYPE 3

## 凹陷（萎縮）性疤痕

坑坑洞洞的凹陷性疤痕（坑狀疤）。發炎深達真皮層和皮下組織，形成深層的疤痕組織，導致淺層組織塌陷所造成。

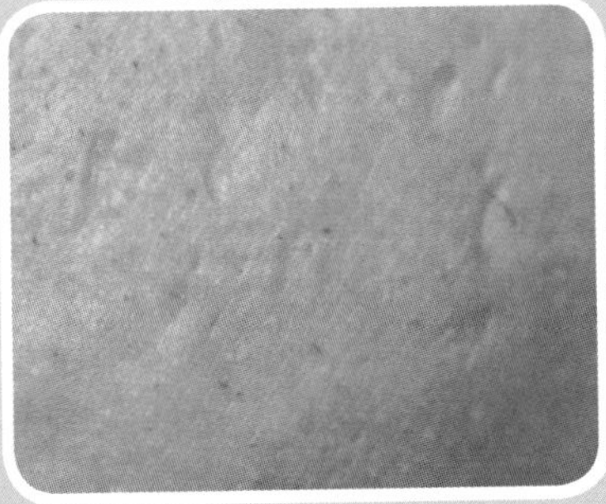

© Bogdan Kovenkin | Dreamstime.com

CHECK! ☑

- □ 有凹痕
- □ 看似大型毛孔
- □ 難以痊癒

TYPE 4

## 肥厚性疤痕

疤痕（坑狀疤）中向上凸起的類型。在修復發炎的過程中，皮膚組織過度增生所造成。

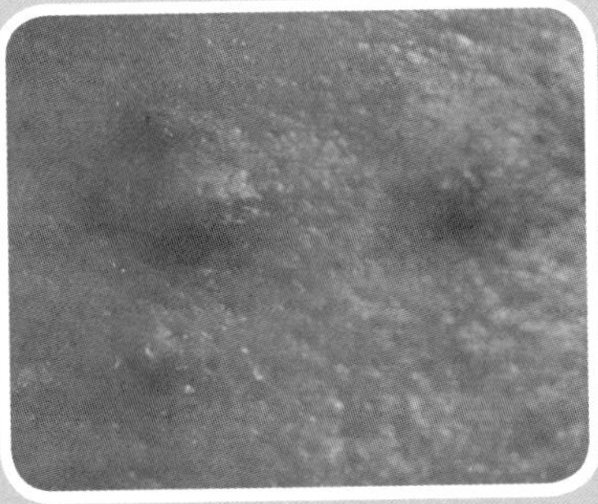

© Aoo3771 | Dreamstime.com

CHECK! ☑

- □ 向上凸起
- □ 堅硬如腫塊
- □ 難以痊癒

肌膚救援 1

# 皮膚科治療

## 借助醫療力量穩步改善

### 重點在於「持續」治療

痘疤的治療中最重要的就是先控制青春痘。

原因就是，在無法控制青春痘的情況下，即使治療痘疤，新的青春痘又會造成新的痘疤……如此不斷重複，陷入惡性循環之中。

因此，在某些情況下，建議在治療青春痘的同時一併治療痘疤。

此外，任何類型的痘疤都需要時間來改善。重點就是在護理青春痘的同時，請持續耐心地治療。

另外，在治療期間，紫外線的照射會導致症狀惡化，因此確實做好防曬對改善痘疤也很重要。

**Q** 如何選擇手術方式？

**A** 進行痘疤治療手術時，從手術後到恢復正常，可能需要很長一段時間的「恢復期」。基本上，效果愈好的方式，恢復期就愈長。但效果最好的治療方式並不等於最適合自己，最好也試著和醫師討論恢復期的問題。

護理 1

# 發炎後紅斑

**微血管是發炎後紅斑泛紅的原因，而雷射是可以接近微血管的最有效治療方式。**具體來說，依照效果強度由高至低的排列依序是脈衝染料雷射（Pulsed dye laser）、長脈衝雅鉻雷射（Long pulsed yag laser）以及脈衝光。

脈衝染料雷射的效果最好，但具有內出血等副作用。因此，最好還是諮詢主治醫師後，再決定治療方式。

此外，由於愛達膚利藥膏也具有溫和的改善效果。所以也可以一併使用以進行居家護理。

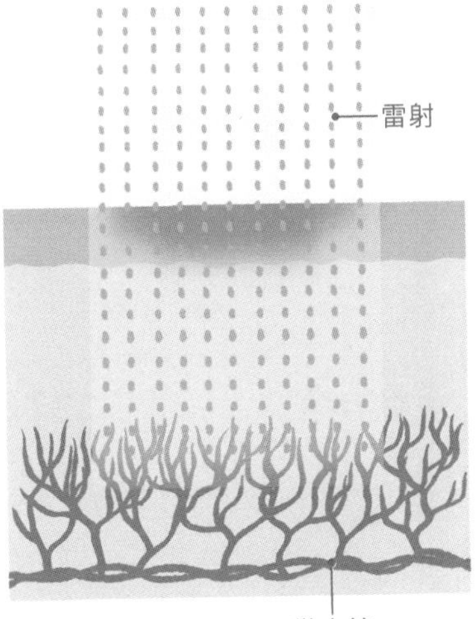


### 脈衝染料雷射

利用反應性強的595nm波長雷射光束照射血管中的血紅蛋白，以破壞血管。可透過冷卻系統將疼痛控制在一定程度。脈衝染料雷射也能用於治療紅臉症與紅色母斑。

**Q** 如何進行發炎後紅斑的肌膚護理？

**A** 一般來說，除了愛達膚利等類視色素，能有效改善發炎後紅斑的護膚成分還有菸鹼醯胺、杜鵑花酸、傳明酸以及維生素C。無論何者效果都很溫和，透過結合雷射等治療方式，可望能有更好的改善效果。

護理 2

# 發炎後色素沉澱

## 瞄準黑色素

色素沉澱的真面目是「黑色素」。因此，可選擇瞄準黑色素的治療方式，以改善發炎後色素沉澱。

具體來說，可以使用雷射（Q開關雷射Q-switch laser以及皮秒雷射）、脈衝光（光治療）等設備進行治療，或是使用對苯二酚、維A酸等藥膏，以及利用日本保險治療開立的維生素C等口服藥物。上述治療無論何者都是透過破壞黑色素與誘導黑色素變性，或是促進排泄來發揮功效。

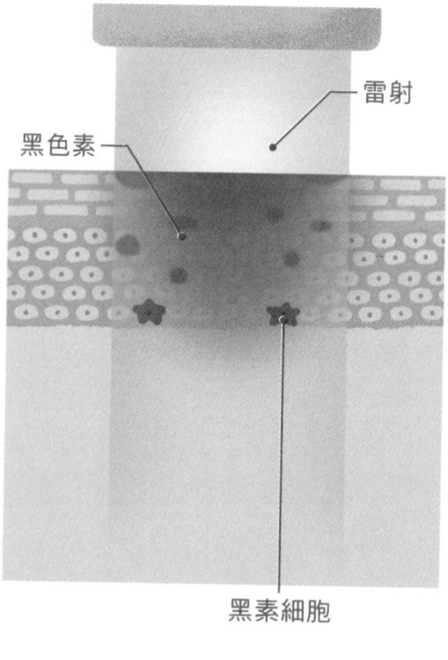


**雷射治療**

利用波長對黑色素反應性強的雷射，透過強熱能破壞黑色素。被破壞後的色素將隨週轉在數週～數月內排出。

**Q** 如何進行發炎後色素沉澱的肌膚護理？

**A** 發炎後色素沉澱的原因為「黑色素」。因此，美白成分能有效改善症狀。具體來說，包含對苯二酚、麴酸、杜鵑花酸等抑制黑色素的成分，以及傳明酸、菸鹼醯胺、維生素C等成分。由於許多成分都與發炎後紅斑的有效成分重疊，因此如果併發發炎後紅斑，可以選擇重疊的成分。

護理 3

# 凹陷性疤痕

## 治療方式為促進肌膚再生

凹陷性疤痕是真皮層發炎導致組織更替所造成，有效的治療方式是促進肌膚細胞再生。

具體來說，治療方式包含飛梭雷射與微針。透過在皮膚上留下細微的傷口，重建真皮層的膠原蛋白和彈性蛋白，以及剝離皮膚表面以促進週轉的煥膚治療（請參閱毛孔章節）。

只不過，嘗試透過煥膚改善疤痕時，須要使用高濃度的煥膚藥劑。因此，引起發炎後色素沉澱的風險很高。

### 微針與CO2飛梭雷射比較表

| | 微針 | $CO_2$飛梭雷射 |
|---|---|---|
| 手術方式 | 利用細針在肌膚上製造出許多細微的孔洞，以產生癒合效果。 | 利用細微的點狀雷射在肌膚上製造出孔洞，以產生癒合效果 |
| 效果 | 毛孔、痘疤、暗沉、小細紋 | 毛孔、痘疤、暗沉、小細紋 |
| 疼痛感 | 輕微刺痛 | 強烈劇痛 |
| 恢復期・副作用 | 數日，持續泛紅與刺痛 | 泛紅約一週，具有留下發炎後色素沉澱的風險。 |

※效果、恢復期和疼痛感因人而異。

**Q** 陷性疤痕是否能靠保養品改善？

**A** 很遺憾，保養品難以改善組織更替所造成的疤痕。雖然有報告指稱愛達膚利藥物對凹痕有輕微的改善作用。即便如此，據說仍難有大幅度的改善。由於許多疤痕都是從發炎後紅斑等痘疤發展而成，因此儘早治療則至關重要。

# 肥厚性疤痕

## 注射類固醇軟化疤痕

針對肥厚性疤痕，皮膚科會先進行類固醇注射治療。

類固醇能夠抑制發炎，分解過度增生的纖維成分，並撫平皮膚表面突起的疤痕。

類固醇注射的療程需要數次，且至少間隔四週。

如果是凹陷性疤痕混合肥厚性疤痕的情況，除了能夠改善皮膚凹陷的飛梭雷射和微針治療，還可以適當組合玻尿酸與皮下切割（皮下剝離），讓凹凸不平的坑洞變得不明顯。

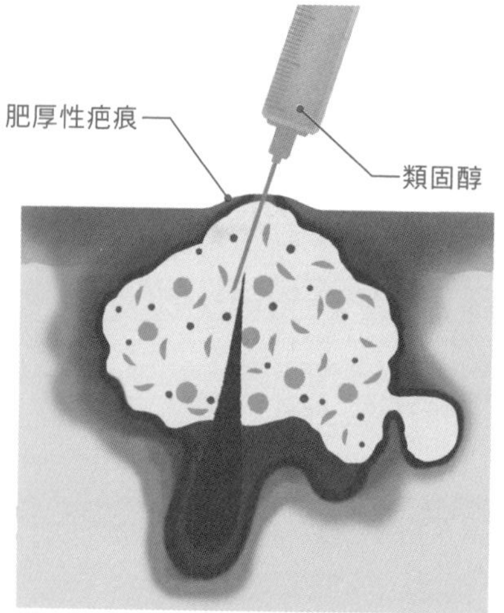


### 類固醇注射

在有肥厚性疤痕的部位注射少量類固醇來抑制發炎，撫平突起的部分。類固醇注射的療程需要數次，且至少間隔四週。

**Q** 除了類固醇，是否還有其他治療方法？

**A** 肥厚性疤痕是因為被痘疤取代的組織黏附在周圍組織上，而容易讓人有皮膚結塊和凹凸不平的感覺。在這種情況下，可能須要進行「皮下切割」手術，在皮膚內放入細管以剝離黏附的組織。利用類固醇撫平突起的疤痕，同時透過結合皮下切割，可望改善肌膚上凹凸不平的坑洞。

CHAPTER 3

# 肌膚乾燥

一到冬天肌膚就變乾燥……。這可能是屏障功能下降的跡象。避免刺激、充分保濕以恢復肌膚原始屏障功能，讓肌膚充滿水分，變得水潤。

# 什麼是肌膚乾燥？

## 肌膚因乾燥而脫皮……屏障功能下降的跡象

### 肌膚含水量下降狀態

肌膚乾燥就是肌膚乾枯的樣子。

在皮膚學上我們稱之為「皮膚乾燥症（乾皮病）」，是指肌膚水分含量減少的狀態。

人體內的水分含量最初大約為六〇～七〇％。但是，到了身體最外側的角質層中，即使是正常狀態下，水分含量也會降至三〇％左右。

而皮膚乾燥症則是出於某種原因，水分含量進一步下降的狀態。

保持肌膚水潤的保濕成分主要有三種：

- 皮脂
- 天然保濕因子（NMF：氨基酸和礦物質等保持水分的成分）
- 細胞間脂質（神經醯胺等）

皮脂與汗水混合在一起會在肌膚表面形成一道「皮脂膜」，作為保護肌膚避免受到外部刺激的「屏障功能」之一。

除了保護肌膚免於受到外部刺激，「皮脂膜」還具有防止肌膚水分蒸發的功能。因此，當皮脂減少，肌膚水分就容易蒸發而變乾燥。

另一方面，天然保濕因子和細胞間脂質在

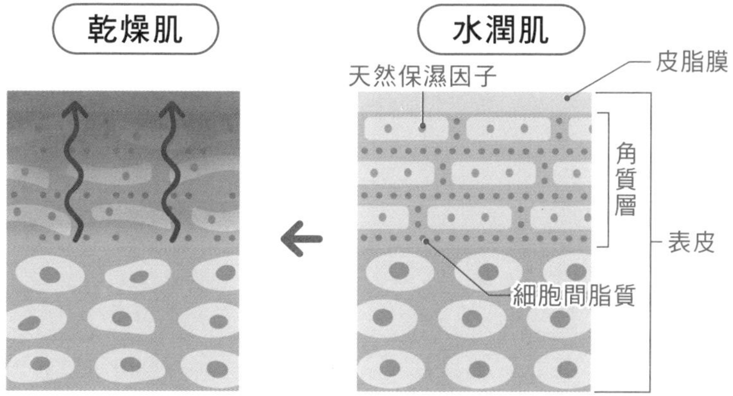


因皮脂膜不足，且天然保濕因子和細胞間脂質減少而產生間隙，導致角質層中的水分容易蒸發。

皮脂膜展開，角質層充滿天然保濕因子和細胞間脂質，水分被維持住。

角質層中則發揮了維持水分的作用。然而和皮脂相比，天然保濕因子和細胞間脂質一旦流失，將需要更多的時間來恢復。為了不讓它們流失，做好肌膚護理相當重要。

## 乾燥加速的原因

隨著年齡的增加，天然保濕因子和皮脂的分泌量會一起減少。

肌膚將水分留在角質層中的能力會降低，並且變得更容易乾燥粗糙。這就是為什麼老年人更容易肌膚乾燥的原因。

此外，冬季時因為溫度和濕度降低，肌膚也容易變得乾燥。

當溫度和濕度下降，皮脂分泌和肌膚含水量往往也會隨之減少，因此肌膚的屏障功能很容易下降。

### Q 什麼是乾燥性油性膚質？

**A** 「乾燥性油性膚質」嚴格來説並不是醫學術語，它通常是指皮脂分泌量多，但保濕功能卻已衰退的情況。換句話説，雖然肌膚表面看起來水潤，但角質層的含水量卻在下降的狀態。往往容易使肌膚粗糙並出現青春痘。此時，可以降低油脂含量，同時增加神經醯胺等肌膚含水量的保濕成分，就能有效改善情況。

肌膚救援

# 肌膚護理

透過居家護理改善肌膚

## 護理 1 保持肌膚屏障功能

### 刺激肌膚絕對NG！

乾燥肌護理請牢記「溫柔」二字，以維持屏障功能。

在肌膚護理中許多人往往專注於保濕，但洗臉也非常重要。因為洗臉可能會導致保濕成分流失。

**洗臉的重點在於將洗面乳充分搓揉起泡後，再溫柔地清洗**。起泡時製作出蓬鬆不易扁塌的泡沫，再將泡沫放在肌膚上後，輕柔地撫摸就能使泡沫融入肌膚中。並且，沖洗時請避免水溫過熱，

**乾燥肌護理**

| ✕ | | ○ |
|---|---|---|
| **用力洗臉**<br>以洗淨力強的洗面乳或磨砂膏用力擦洗 | → | **溫柔地洗臉**<br>將溫和的洗面乳充分起泡後清洗 |
| **用毛巾摩擦**<br>使勁地把毛巾壓在臉上用力擦拭 | → | **輕柔地貼附**<br>以毛巾輕柔地貼附在肌膚上擦拭 |
| **過度塗抹保養品**<br>塗抹多種保養品 | → | **簡單護理**<br>利用一～三個步驟完成護理 |
| **高溫&長時間沐浴**<br>長時間以四十二度以上的水溫泡澡 | → | **以溫水短時間沐浴**<br>以不超過四十度的水溫泡澡五～十分鐘 |

以溫水沖洗即可。

洗面乳和肌膚酸鹼值相近的弱酸性（氨基酸等）洗面乳，對肌膚的刺激性最小。相反地，鹼性肥皂對某些人來說，可能會導致肌膚乾燥。

除了洗臉，不要用毛巾擦拭臉部，還要避免過度塗抹保養品等，請儘量採用刺激性低的溫柔護理方式。

## 沐浴時容易失去水分

泡澡時也是如此，浸泡在高溫的浴池中時，天然保濕因子和細胞間脂質會流失，導致肌膚乾燥。建議將泡澡的水溫控制在四十度以下。

長時間泡澡例如半身浴，可能會導致肌膚屏障功能下降，因此較不建議。

另外，清洗身體的方式和洗臉一樣，請充分起泡後利用泡沫溫柔地清洗。對肌膚來說，使用雙手而非毛巾清洗，較不易產生摩擦且更加溫和。

在身體未排汗的日子，或是肌膚極為乾燥時，也可以只用熱水清洗。

**Q 如何對付腳跟龜裂？**

**A** 腳跟的角質層本來就比較厚，加上沒有皮脂腺，因此有容易乾燥的特性。隨著乾燥加劇，就會出現腳跟龜裂的情況，所以保濕很重要。然而，即使將保濕劑塗抹在角質增厚的腳跟也不容易滲透。因此，每週一次在沐浴後以極細銼刀去除角質，再利用尿素保濕，效果會更好。

# 保護性保濕成分

## 改善屏障功能的保濕成分

| 成分名稱 | 特性 |
| --- | --- |
| 神經醯胺 | 神經醯胺存在於角質層內，是細胞間脂質中占比約有一半的成分。透過維持細胞間水分，發揮保障肌膚屏障功能的作用。 |
| 類肝素物質 | 藥品中開立的保濕成分。可透過恢復角質層的層狀結構，與增加天然保濕因子，改善屏障功能。 |
| 菸鹼醯胺 | 菸鹼醯胺是維生素B群的一種。能有效透過促進神經醯胺等細胞間脂質的產生，改善屏障功能。 |

### 改善屏障功能的成分

保濕產品中通常含有凡士林等防止水分蒸發的成分，以及玻尿酸和甘油等維持水分的成分。當中還會加入一些「改善屏障功能」的成分——神經醯胺。神經醯胺在角質層中具有屏障功能，可以增強肌膚的原始保水力。此外，類肝素物質則是醫療機關開立的保濕成分之一。類肝素成分能透過改善屏障功能，對肌膚發揮保濕功效。近來，藥妝店中也有愈來愈多含有類肝素成分的產品。

**Q** 白天如何保濕？

**A** 保濕工作通常是在早、晚洗臉後進行。但是，最好連白天也能做好保濕工作。舉例來說，摘下口罩時或是在夏季移動到有空調的房間時，由於外部空氣中的含水量變化較大，肌膚容易變得乾燥。建議勤保濕以防止這種情況。可以選擇保濕噴霧，即使上妝後也能方便使用。

# 加強版美容成分

## 溫和的美容成分例

| 成分名稱 | 效果 |
|---|---|
| 乳酸（甘油酸） | 具有抑制黑色素生成的美白效果，以及軟化角質的煥膚效果。 |
| 維生素A醇棕櫚酸酯（維A酸・視黃醇） | 能夠產生玻尿酸、促進更新、抑制皮脂分泌、產生膠原蛋白以及減少紫外線損傷。 |
| 抗壞血酸葡萄糖苷（抗壞血酸） | 具有還原黑色素的美白效果以及抗炎作用，能產生膠原蛋白。 |

### 對保濕成分具有加分作用

當肌膚屏障功能下降而變得乾燥，塗抹美容成分可能會出現刺激感。但是，如果想要附加一些美容成分，請選擇較無刺激性的成分。舉例來說，可以選擇維生素A醇棕櫚酸酯（Retinyl palmitate）等視黃醇酯（Retinyl esters），而非容易產生刺激感的視黃醇（請參閱第一六三頁）。或是抗壞血酸葡萄糖苷（Ascorbyl glucoside）的衍生物抗壞血酸（Ascorbic acid）等。但是，即使是上述成分，根據濃度和配方的不同，有時也會產生刺激感。肌膚感到刺激時，請立即停用並諮詢醫師。

**Q** 如何選擇保濕成分？

**A** 選擇保濕產品時，我們往往只重視保濕成分。然而，產品的保濕能力會因配方而異（醫療產品也相同，在仿製藥中的類肝素物質，其保濕能力就會改變）。舉例來說，雖然神經醯胺具有極高的保濕功效。但是，除非實際嘗試，否則無法確定是否適合自己的肌膚。即使是在社群媒體上大受歡迎的產品，也不代表對自己的肌膚有效。

肌膚救援 2

# 內在護理

## 從體內讓肌膚問題歸零

## 護理1 恢復肌膚屏障功能的飲食

### 透過內在護理修復肌膚

要修復乾燥肌膚，透過飲食進行內在護理也很重要。當屏障功能降低，肌膚就容易受到各種損傷。因此具體來說，在飲食習慣方面，建議對容易受損的肌膚減少損傷，讓肌膚恢復健康。

### 利用蛋白質修復屏障功能

首先，飲食中應該注意蛋白質的攝取。蛋白質是肌膚細胞和天然保濕因子等保濕成分的原料。除了牛肉等紅肉，最好也能從魚類和豆類中均衡攝取蛋白質（請參閱第三九頁）。

### 維生素可減少肌膚損傷

維生素A、維生素C和維生素E都是能減少肌膚損傷的營養素。這些營養素可作為抗氧化劑，減輕紫外線對肌膚的損傷。尤其是維生素A能夠促進細胞分裂，並具有調節週轉的作用，屬於應該積極攝取的營養素之一。肝臟和鰻魚中富含大量的維生素A，建議攝取如胡蘿蔔等的β-胡蘿蔔素會更方便、容易。

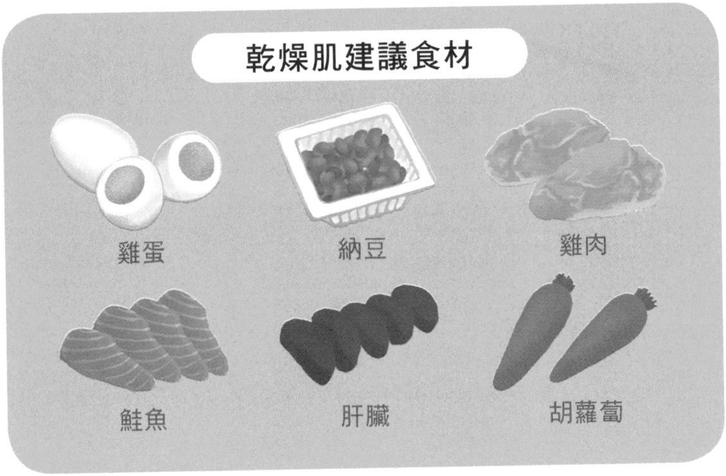


## 最近備受關注的營養素

近年來，能有效改善肌膚狀態的Omega-3脂肪酸，引起了人們的關注。一般認為，Omega-3脂肪酸營養素具有抗炎作用，並能透過改善血液循環，有效預防各種疾病。此外，由於Omega-3脂肪酸在肌膚中能成為神經醯胺的原料，因此被視為具有保濕作用。沙丁魚等青魚類與亞麻仁油中含有豐富的Omega-3脂肪酸。

此外，神經醯胺本身也能有效改善肌膚乾燥。換句話説，除了從外部補充神經醯胺，從內部補充也頗具成效。

上述營養補充劑近來不斷在增加中。所以可用作內在護理，善加攝取。

**Q 靠飲食能攝取多少神經醯胺？**

**A** 食品的米（米糠）和薯類以及生芋蒟蒻中含有豐富的神經醯胺。然而，每日須攝取一．八mg的葡糖腦苷脂，才能有效增加肌膚含水量。換算下來，每日大約須要攝取一八〇克的高含量生芋蒟蒻。因此，營養補充劑被視為是持續攝取神經醯胺的最有效方式。

# 肌膚救援 3 皮膚科治療

借助醫療力量穩步改善

## 護理 1 保濕配方

### 如何提高保濕劑效果？

針對乾燥肌，皮膚科會開立類肝素物質、尿素以及凡士林等保濕劑。須要注意的是，醫師開立的藥品並非保濕力就較高，就能安心使用。

保濕效果會因劑型（乳霜、乳液等），以及品牌藥（Brand drug）、仿製藥（Generic Drug）的不同而異。不僅如此，塗抹方式也會影響保濕劑的效果。拿到皮膚科開立的保濕劑後，請向醫師請教正確的塗抹方式。

### 皮膚科開立的保濕劑

| 名稱 | 特性 |
|---|---|
| 凡士林（封閉性保濕劑） | 可作為皮膚保護劑，刺激性低。 |
| PROPETO（封閉性保濕劑） | 進一步純化的凡士林。 |
| 氧化鋅軟膏（封閉性保濕劑） | 皮膚保護劑，刺激性低但不易擦掉。 |
| 尿素製劑（潤濕性保濕劑） | 含有10～20％天然保濕因子之一的尿素。含量達到20％時還具有溶解角質的作用。 |
| 含類肝素物質製劑（潤濕性保濕劑） | 可透過修復角質層的層狀構造，改善屏障功能。 |
| SAHNE軟膏 | 含有維生素A可調節肌膚週轉。主要用於角化症（一種皮膚角質層變厚變硬的疾病）。 |
| JUVELA軟膏 | 含有維生素E（生育酚）可改善末梢血流。用於凍傷（凍瘡）等。 |

## 如何正確塗抹保濕劑

保濕劑不是塗了就好，透過「正確」塗抹，保濕效果將大不相同。

首先，重點在於「塗抹量」。建議的塗抹量因保濕劑的形態而異。舉例來說，軟膏或乳霜狀的保濕劑從軟管擠出後，以從食指指尖覆蓋到第一節關節的量，塗抹兩個手掌大小的面積。

塗抹臉部＋頸部時，大約需要二點五倍的量。極度乾燥時請先確保早晚各一次，並塗抹足夠的量。

此外，塗抹保濕劑的時間和塗抹方式（方向），也是提高保濕效果的關鍵。如果能遵照上述要點，並讓保濕護理成為一種習慣，就能預防乾燥惡化。因此，請務必從今日開始嘗試！

### 保濕劑塗抹要點

| | | |
|---|---|---|
| 1 | 足量塗抹 | 以衛生紙黏附在肌膚上為標準，塗抹足夠的分量。 |
| 2 | 洗完澡後立刻塗抹 | 洗澡完後迅速塗抹（尤其是玻尿酸等保濕劑在肌膚含水量充足時會更有效）。比起一次塗抹完成，分兩次塗抹可以提高保濕功效。 |
| 3 | 順著皺紋塗抹 | 塗抹時順著皺紋塗抹。塗抹在手臂或腿上時可由內到外塗抹。 |

**Q** 即使塗了保溼劑肌膚還是一樣乾燥時，該怎麼辦？

**A** 首先，請確認是否塗抹足量的保濕劑。如果確實保濕後肌膚依舊乾燥，有可能是因為濕疹等皮膚發炎的關係。在這種情況下，除了保濕劑，皮膚科還會開立類固醇和他克莫司（Tacrolimus）軟膏。改善屏障功能需要時間，因此持續塗抹外用藥膏很重要。

護理 2

# 導入保濕成分

## 從體內進行保濕治療

改善乾燥肌最有效的方式就是「外用保濕劑」，但是需要一些時間才能改善症狀。因此，可以考慮附加離子導入和電穿孔術（Electroporation）的「導入」治療。

某些有效成分難以透過塗抹滲透到肌膚中，導入就是一種利用電能、使有效成分更容易滲透的方式。維生素C就是導入的代表成分，肌膚乾燥時可以導入玻尿酸等保濕成分。導入治療幾乎沒有副作用。

### 離子導入（iontophoresis：IP）

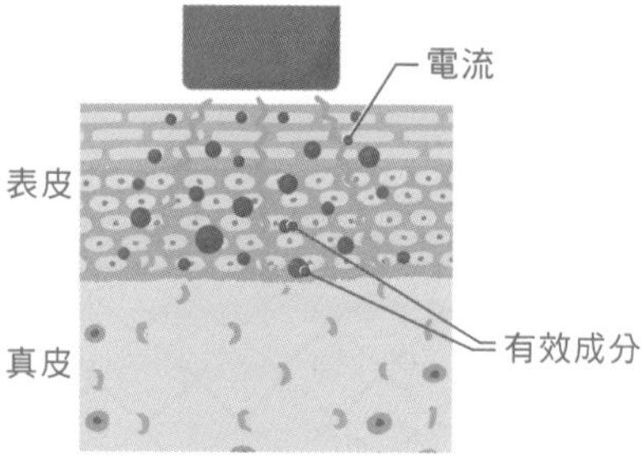


在肌膚上通過微弱的電流，藉此離子化有效成分，從而讓有效成分滲透至皮膚深處。皮膚美容外科通常會在化學煥膚後進行離子導入。

### 電穿孔術

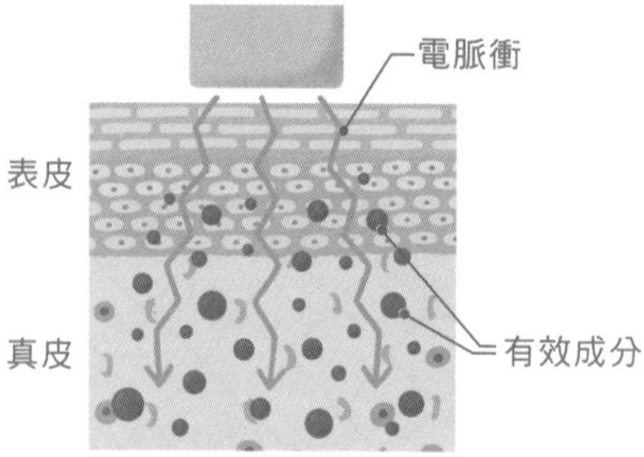


利用特殊的電脈衝在肌膚上短暫製造出孔洞，使有效成分滲透至肌膚中。比起離子，高分子（Macromolecule）成分更容易導入。

# 肌膚泛紅

不明原因的紅臉可能是暫時的，但也有可能是疾病。事實上，即使是醫師也難以診斷肌膚泛紅的原因。不要只靠自行判斷來進行護理，如果沒有改善，請務必至皮膚科就診。

# 什麼是肌膚泛紅？

即使化妝也無法掩飾的臉頰泛紅，不是熱潮紅而有可能是疾病……！



**肌膚泛紅的原因不只一個**

與其他部位相比，臉部的血液流量原本就較為充沛，且角質層相對較薄，容易泛紅。

導致紅臉的因素主要為三種：

・血流變化
・發炎
・血管擴張

血管會在自律神經的影響下擴張和收縮。洗澡或喝酒時，血管會擴張，血液流量暫時增加，肌膚尤其容易出現泛紅的情況。

**可能是疾病導致的泛紅？**

然而，如果泛紅並非暫時性，而持續了較長一段時間，也有可能是由皮膚病所引起。舉例來說，如脂漏性皮膚炎、接觸性皮膚炎等濕疹或皮膚炎，以及痘疤泛紅（發炎後紅斑）和酒糟性皮膚炎等慢性炎症疾病，或是光線過敏等物理刺激所引起的皮膚損傷，還有結締組織疾病（CTD）等，導致「紅臉」的疾病種類相當繁多。

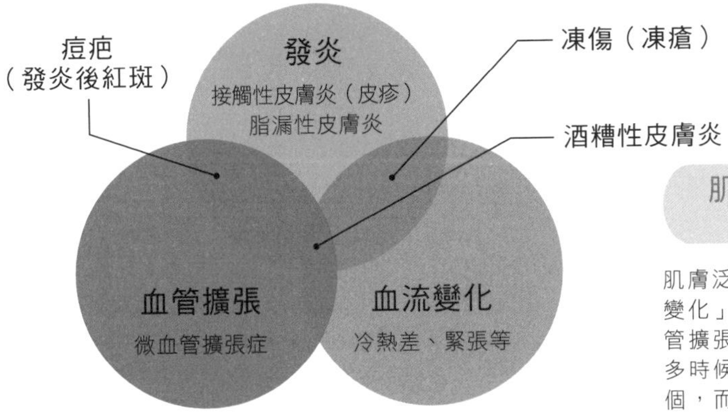


### 肌膚泛紅的原因

肌膚泛紅主要有「血流變化」「發炎」和「血管擴張」三大原因。許多時候，原因不只有一個，而是由各種原因共同引發。

然而，要確認引發「紅臉」的原因往往十分困難。

事實上，要診斷出患者罹患酒糟性皮膚炎等慢性炎症，有時須要耗費很長一段時間。許多患者直到被診斷出患有疾病前，都長期承受著紅臉的困擾。

## 疾病與非疾病間的界線不明確

難以診斷紅臉成因的原因之一，就是即使沒有其他明顯的皮膚疾病，像是更年期症狀或是屏障功能下降等情況，也可能導致肌膚泛紅。

換句話說，紅臉從正常狀態到疾病間的界線並不明確，並且通常需要很長一段時間才會察覺到疾病的存在。

此外，導致紅臉的幾種疾病通常會合併發生。因此，不僅須要檢查紅臉的狀態，還要詳細確認惡化的原因、有無過敏等病史，以逐一找出原因。

**Q** 為什麼更年期會出現肌膚泛紅？

**A** 更年期是指女性停經前後的時期。這段期間荷爾蒙平衡的顯著變化，可能會導致各種身體不適。具體來說，自律神經紊亂容易導致熱潮紅和肌膚泛紅。不僅如此，隨著年齡的增長，皮膚變薄，肌膚的屏障功能也容易下降，也都可能造成肌膚泛紅。

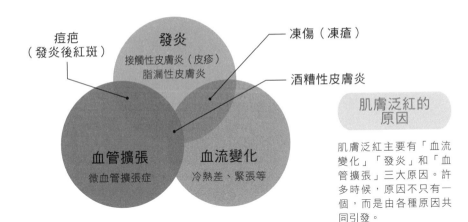

# 肌膚泛紅類型

肌膚泛紅主要分為四種類型
請確認看看自己是哪種類型

## TYPE 1 脂漏性皮膚炎

一種皮膚炎。頭皮上的脂漏性皮膚炎患者大多會有頭皮屑的困擾。在許多情況下會伴隨搔癢等症狀，並轉化為慢性病程。皮膚中的常駐菌叢馬拉色菌也是引發脂漏性皮膚炎的原因之一。

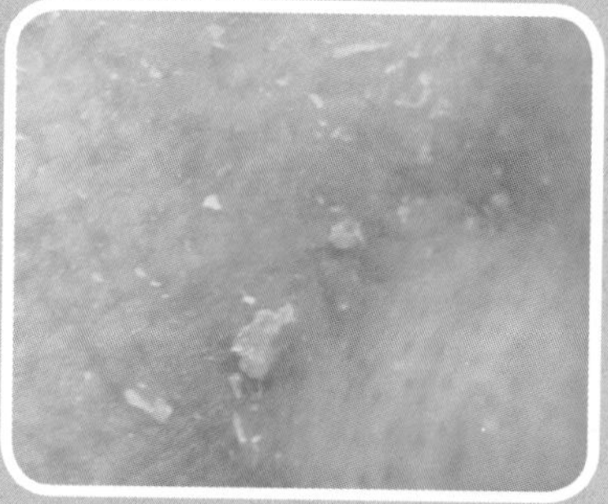

© Stanislav Okulov | Dreamstime.com

CHECK! ☑

- ☐ 鼻子周遭、額頭、髮際等處明顯泛紅
- ☐ 頭皮屑的困擾
- ☐ 刺激物加劇泛紅

## TYPE 2 酒糟性皮膚炎

不明原因的慢性發炎疾病。常見於中高年齡婦女身上，容易因紫外線、溫度急遽變化和酒精等刺激物而惡化。可能會伴隨微血管擴張與類似青春痘的顆粒狀硬塊。

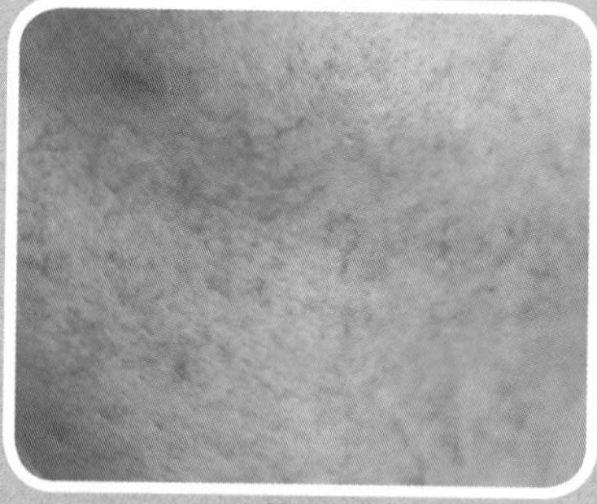

© Christine Langer-püschel | Dreamstime.com

CHECK! ☑

- ☐ 臉部大範圍泛紅
- ☐ 看起來像是熱潮紅
- ☐ 長期塗抹類固醇但無法顯著改善

TYPE 3

## 接觸性皮膚炎

化妝品或金屬等特定物品接觸肌膚所引起的皮膚炎症。除了泛紅，還會出現搔癢等濕疹症狀。因人而異，也有可能是因為花粉所引起。

© Twilightartpictures | Dreamstime.com

CHECK! ☑

- ☐ 除了泛紅，還會伴隨搔癢
- ☐ 嚴重時也會出現顆粒狀濕疹

TYPE 4

## 痘疤（發炎後紅斑）

青春痘症狀消失後肌膚依舊泛紅。多數案例會隨著時間自然而然改善。但一旦伴隨疤痕（坑狀疤），有時將難以痊癒（請參閱第九二頁）。

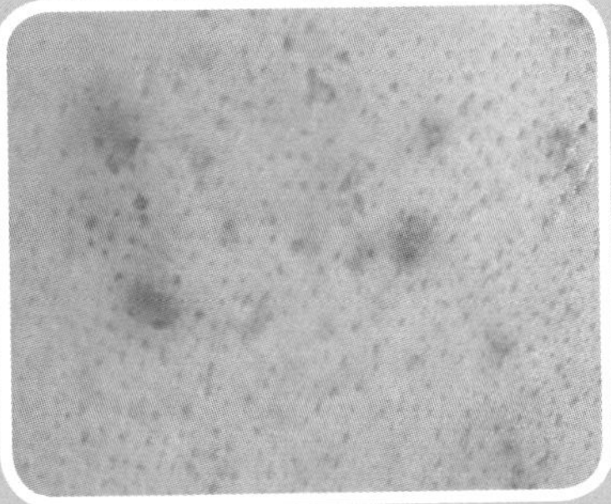

© Chernetskaya | Dreamstime.com

CHECK! ☑

- ☐ 顏色和濃淡各不相同
- ☐ 出現在青春痘部位
- ☐ 小而圓的泛紅

護理1

# 脂漏性皮膚炎

## 預防馬拉色菌繁殖

馬拉色菌和脂漏性皮膚炎的發病有相當程度的關聯性。馬拉色菌是一種皮膚中的常駐菌叢，特性是以皮脂為養分繁殖。因此會導致皮膚發炎，並出現搔癢、泛紅和頭皮屑等症狀。

馬拉色菌是黴菌（真菌）的一種，抗真菌藥物和類固醇外用藥等皮膚科藥物（請參閱第一二三頁）可有效對抗馬拉色菌。利用這些藥物進行治療是第一要務。而一般藥妝店中可以買到含有「Miconazole Nitrate」和「活膚鋅（Zinc pyrithione）」的洗髮精，能夠有效對抗馬拉色菌。有輕度頭皮屑困擾的患者可以考慮使用。

此外，「皮脂」也會導致脂漏性皮膚炎惡化。因此，抑制皮脂分泌的成分也能有效改善脂漏性皮膚炎。包含類視色素和維生素C等成分都能抑制皮脂分泌。但是，當嚴重發炎，可能會更容易刺激肌膚。在這種情況下，使用菸鹼醯胺與綠茶萃取物（Green Tea Extract）等無刺激性成分較為安全。相反地，凡士林等成分會為馬拉色菌創造舒適的環境，因此絕對不能使用。

### 脂漏性皮膚炎NG成分

- 酒精（乙醇等）
- 凡士林
- 礦物油
- 橄欖油

▼泛紅和發炎情況嚴重時

- 煥膚成分（乙醇酸等）
- 視黃醇與維A酸
- 抗壞血酸

護理 2

# 酒糟性皮膚炎

## 以無刺激性的溫柔護理為基礎

罹患酒糟性皮膚炎時，有些保養品可能會造成刺激，並導致肌膚泛紅惡化。尤其應該避免酒精等刺激物、煥膚成分以及磨砂膏。

近來普遍認為，酒糟性皮膚炎的肌膚護理重點在於恢復屏障功能。具體來說，在皮膚科進行治療的同時，建議使用弱酸性洗面乳溫柔地洗臉，並採取以神經醯胺與凡士林為主的極簡保濕方式，以及使用無吸收劑的防曬霜做好紫外線護理。此外，杜鵑花酸*是治療酒糟性皮膚炎的化妝保養品成分之一（在日本），預期能有效改善肌膚泛紅。

**Q** 酒糟性皮膚炎併發青春痘時該如何護理？

**A** 酒糟性皮膚炎的症狀中有時會出現類似青春痘的顆粒狀硬塊，因此難以診斷。其中也會發生酒糟性皮膚炎併發一般青春痘的情況。此時，最有效的成分就是「杜鵑花酸」。「杜鵑花酸」有望能改善酒糟性皮膚炎與青春痘。或許會稍有刺激感，但安全性高，即使長期使用也無特別副作用。

*杜鵑花酸：雖然是正式治療藥物，長期使用對酒糟有幫助，但因這類藥物有刺激性，並不是所有人都適用。

## 治療酒糟性皮膚炎的杜鵑花酸是什麼？

杜鵑花酸有各種功效，在日本，可作為保養品混合的成分。

首先，有報告指出杜鵑花酸具有抗炎作用，並能有效改善酒糟性皮膚炎。罹患酒糟性皮膚炎時，長期使用類固醇外用藥，可能會導致微血管擴張等症狀加劇。但杜鵑花酸不會有這些問題，就連在懷孕期間也能放心使用。由於杜鵑花酸具有抗炎和抗菌作用，因此有時也會開立來作為青春痘的治療藥物。

除此之外，杜鵑花酸還具有美白作用和抑制皮脂分泌等效果，並能有效對抗肝斑及護理毛孔。

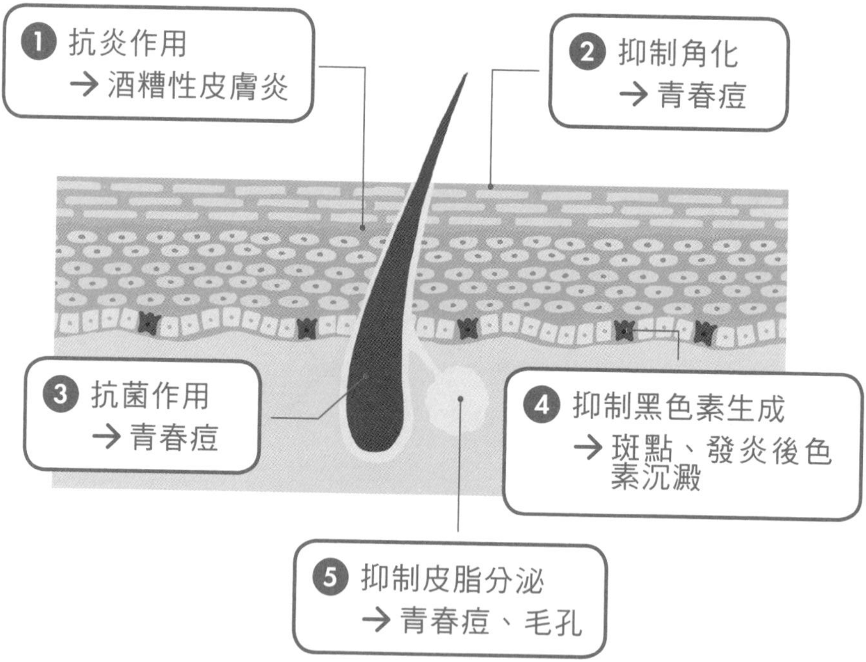

護理 3

# 接觸性皮膚炎

## 根除發炎原因

接觸性皮膚炎屬於濕疹的一種，是皮膚發炎的狀態。由於發炎會降低肌膚的屏障功能。因此，肌膚很容易感到刺激，像是塗抹平常使用的化妝保養品時會有刺痛感等。

在使用皮膚科藥物時，**要比平時更溫柔地洗臉，並應儘可能減少使用肌膚護理產品，簡單護理即可**。有時，當泛紅和刺激感強烈，只使用凡士林會更好。

即使發炎消退，要恢復屏障功能仍需要一段時間。因此，再次使用平時的化妝保養品時，請仔細評估肌膚狀態。

### 容易引發接觸性皮膚炎的物品

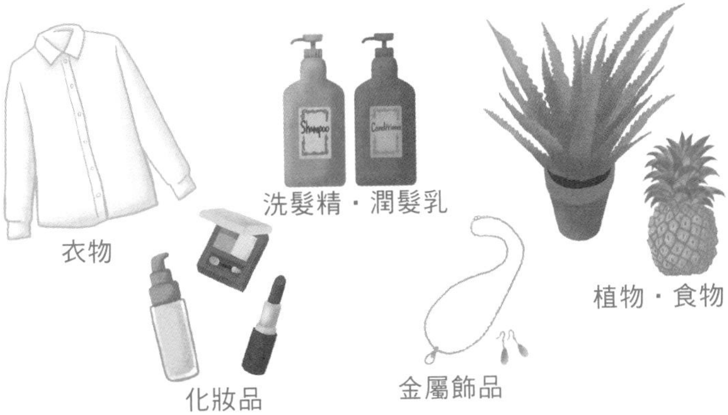


**Q 保養品是否對花粉症有效？**

**A** 近年來，有愈來愈多以「保護肌膚免於受到花粉刺激」為理念的保養品。此類保養品的原理，大多是利用聚合物和氧化鋅等粉末吸附花粉粒子，因此預期能有效「預防」刺激性物質附著在肌膚上。然而，如果已經出現肌膚泛紅的症狀，就要利用藥物來抑制發炎。

肌膚救援2

# 內在護理——從體內讓肌膚問題歸零

## 護理1 避免刺激性物質

### 飲食可能會加重肌膚泛紅

飲食可能會加重脂漏性皮膚炎、酒糟性皮膚炎等慢性炎症疾病的症狀。

舉例來說，酒精和辛辣食物會讓血液流量暫時增加，因此最好避免。

此外，某些特定的食物會導致症狀無法「痊癒」。

飲食的要點在於儘量避免可能導致症狀惡化的食物，再採取適當的治療。

另外，過去有研究顯示，除了酒精和辛辣食物，大量的高脂飲食和加工食品可能會導致脂漏性皮膚炎的症狀惡化。相反地，食用豐富的水果，則對脂漏性皮膚炎相當有益。

除此之外，過剩的皮脂會導致脂漏性皮膚炎惡化。因此，皮膚科可能會開立維生素B2和B6。肝臟和肉類中含有豐富的維生素B2和B6。所以，在均衡飲食的同時，也請注意維生素B2和B6的攝取。

## 要避免的事物

## 腸道環境是否對酒糟性皮膚炎有影響？

**酒精和辛辣食物往往會導致熱潮紅及肌膚泛紅加劇。**

不僅如此，有些研究也指出，某些食物會加劇酒糟性皮膚炎的症狀。

舉例來說，像是番茄、巧克力、柑橘，以及咖啡和茶等熱飲。

此外，近來發炎性腸道疾病（Inflammatory bowel disease）和酒糟性皮膚炎間的關聯性也引起了人們的注意。一般認為，改善腸道環境或許可以有效控制酒糟性皮膚炎的症狀。

建議或許可以避免高脂飲食並納入膳食纖維，注意飲食以改善腸道環境。

## Q 洗澡後為什麼會像濕疹一樣變紅？

**A** 肌膚泛紅有可能是蕁麻疹所引起。特別是有一種稱為「熱性蕁麻疹（Heat urticaria）」的類型，會在洗澡後身體變暖時出現，在溫熱的地方可能會出現泛紅和腫脹的症狀。尤其是皮膚相對較薄的胸部等處，往往看起來更加明顯。這種蕁麻疹的症狀通常會在數十分鐘內消退，因此不須要特別治療。

肌膚救援 3

# 皮膚科治療

借助醫療力量穩步改善

## 症狀過程是重大線索

紅臉的症狀難以判斷是否為疾病所致，並且即使是疾病，往往也需要很長的時間來診斷。

尤其是酒糟性皮膚炎，塗抹類固醇等藥物經常會加劇其症狀。然而，一旦輾轉奔走於不同醫院尋求協助，醫師往往無法得知整個病程，難以診斷。

病程是醫師診斷的重大線索，因此最好事先整理症狀何時惡化，以及除了肌膚泛紅外還有哪些症狀等病程資訊。

### 紅臉的治療選項

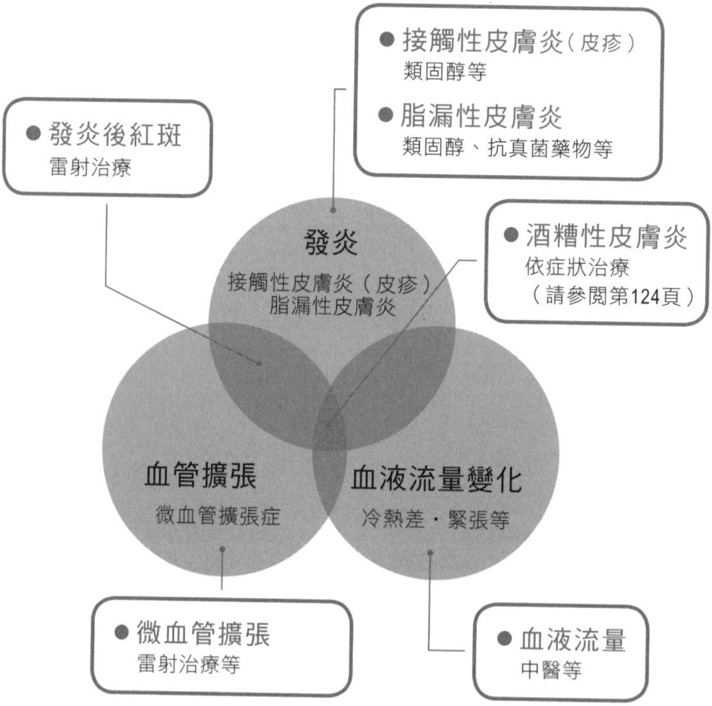

護理 1

# 脂漏性皮膚炎

## 治療目標是「改善」症狀

脂漏性皮膚炎是一種慢性的皮膚疾病，治療目標並非完全治癒。換句話說，透過改善症狀提高生活品質是一大目標。

具體的治療方式首先是使用類固醇外用藥。類固醇在改善炎症和搔癢上效果絕佳，但是考慮到副作用（如微血管擴張與皮膚變薄），並不建議未經過審慎思考就長期使用。

因此，當搔癢等症狀獲得一定程度地改善，大多會替換使用真菌藥物。藥妝店也可以購買到含有抗真菌成分的洗髮精。

### 脂漏性皮膚炎處方藥物

**抗真菌藥：Ketoconazole**

可抑制造成脂漏性皮膚炎的馬拉色菌繁殖。有些洗髮精中也含有抗真菌成分之一的Miconazole。

**類固醇外用藥**

可抑制發炎和搔癢。雖然對於改善症狀極具效果，但長期使用時須注意副作用。有時也會開立tacrolimus軟膏。

**Q** 中醫對肌膚泛紅是否有效？

**A** 在肌膚泛紅方面，中醫具有改善熱潮紅（熱證）和血流障礙（瘀血）的處方。具體來說，針對熱證會開立黃蓮解毒湯、荊芥連翹湯和十味敗毒湯；針對瘀血會開立桂枝茯苓丸、加味逍遙散等。越婢加朮湯則能有效改善酒糟性皮膚炎。

# 酒糟性皮膚炎

## 依症狀考慮治療方式

酒糟性皮膚炎分為多種亞型（sub-type），須依據其症狀選擇治療方式。舉例來說，脈衝染料雷射和PL能有效治療肌膚泛紅（紅斑）；甲硝唑（Rozex gel）及杜鵑花酸則能有效改善丘疹。

此外，有些患者在被診斷出罹患酒糟性皮膚炎之前，就長期在使用類固醇。在這種情況下，必須先停止使用類固醇。一旦停止用藥，症狀可能會暫時惡化，出現「反彈現象」。重要的是不要心急，要持續有耐心地治療。

### 酒糟性皮膚炎治療方式選項

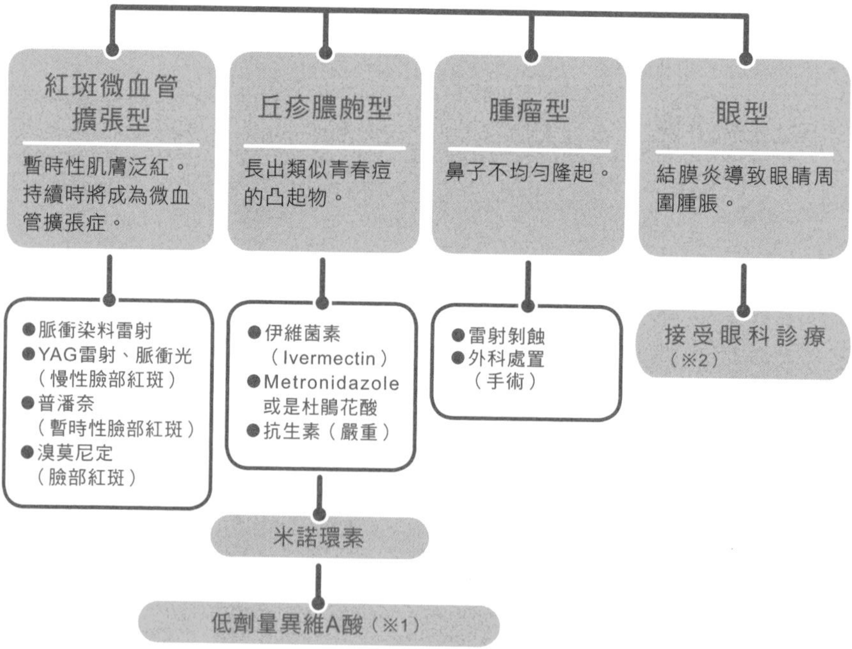


※1使用抗生素卻無法改善時，或是長期服用抗生素時可以考慮
※2症狀無法改善或生活受到干擾時可以考慮

CHAPTER 3

# 肌膚暗沉

肌膚的透明感似乎逐年消失……。肌膚暗沉是肌膚失去活力後，膚質開始變差的跡象。除了年齡增長，還有其他原因造成肌膚暗沉。找出肌膚暗沉的原因，以恢復肌膚透明感！

# 什麼是肌膚暗沉？

## 總覺得臉色不好……？狀態不好也許是因為紋理

### 肌膚透明感降低的狀態

素顏時肌膚毫無透明感與光澤，總覺得妝容無法服貼……。

「肌膚暗沉」並不是醫學術語，一般來說是肌膚出現這種問題時的用語。

為什麼肌膚會失去透明感，或是妝容無法服貼？關鍵就在於「肌膚的紋理」。

「肌膚紋理」就是所謂的肌理。肌膚表面有許多微細的溝紋（皮溝），相對於皮溝，隆起的部分則稱為皮丘。

當這些肌膚紋理細而淺，光線就難以散亂反射，而肌膚看起來就帶有「光澤」與「透明感」。

換句話說，當「紋理」變得凹凸不平，肌膚就會顯得粗糙。

### 肌膚更替改善紋理

透過肌膚護理重整「紋理」能有效改善肌膚暗沉。而與紋理狀態最具關連性的就是「更新」。

如果肌膚的新陳代謝出問題，肌膚細胞就無法順利更替，從而導致肌膚變

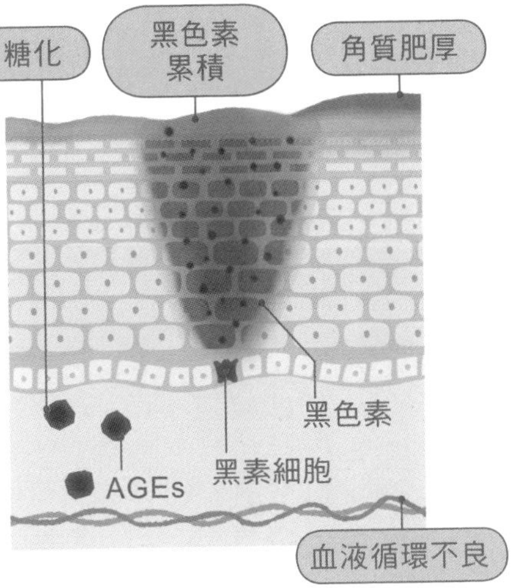


**暗沉肌**

糖化、黑色素累積、血液循環不良、角質增厚（請參閱第128頁）等各種原因導致肌膚暗沉。

得暗沉。

此外，皮膚內的黑色素累積與血液循環不良導致的膚色變化，有時也被稱為「肌膚暗沉」。另外，肌膚整體呈現黃色的原因還包含稱為「糖化」的老化現象。「肌膚暗沉」可以說是肌膚狀態不佳的一種情況。

## 為什麼老化會使肌膚暗沉？

四十歲以後，擔心肌膚暗沉的人會急遽增加。這是因為隨著年齡增加，更容易導致血液循環不良、更新延遲、黑色素累積以及糖化。其中，糖化會在四十歲以後出現極大的個人差異。據說糖化年齡和外表年齡有關。包含生活習慣在內，糖化需要全面的護理。因此儘早檢視生活方式是關鍵。

**Q** 為什麼會日漸暗沉？

**A** 若是透過肌膚護理暫時增加肌膚的水分含量，有時僅只如此就能使光線更容易反射，從而讓肌膚看起來更加明亮。相反地，當血液循環不良，血管滲透性增加，導致膚色不均而顯得暗沉。換句話說，任何人的肌膚都可能日漸暗沉，不要被保養品一時的效果所迷惑，請重視日常護理！

# 肌膚暗沉類型

肌膚暗沉主要分為四種類型
請確認看看自己是哪種類型！

TYPE 1

## 血液循環不良

睡眠不足與壓力等原因導致血液循環不良，讓肌膚顯得暗沉的狀態。此外，營養不足和缺乏運動也會導致血液流動停滯。此類型深受生活習慣的影響。

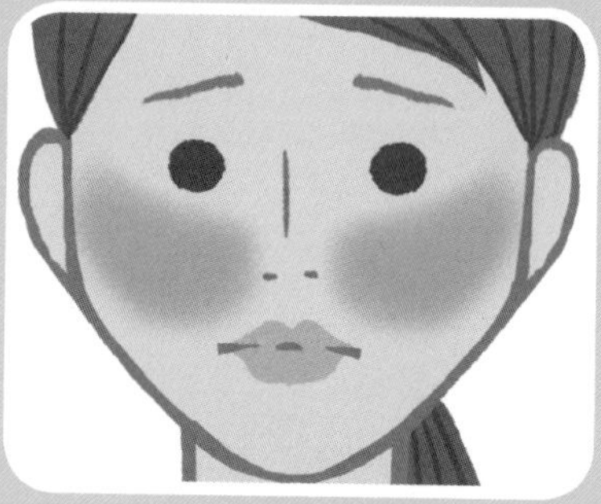

CHECK! ☑

- ☐ 黑眼圈相當明顯
- ☐ 生活習慣紊亂
- ☐ 臉色鐵青顯得疲憊

TYPE 2

## 角質肥厚

老廢角質聚積，角質層變厚的狀態。主要原因是週轉紊亂，老廢角質無法剝落，因此角質層逐漸增厚。

CHECK! ☑

- ☐ 肌膚顯得粗糙
- ☐ 膚色發灰，無光澤感
- ☐ 妝容難以服貼

TYPE 3

## 黑色素聚積

紫外線和肌膚摩擦等刺激產生的黑色素沉澱並變得暗沉的狀態。斑點往往會伴隨暗沉一同出現。

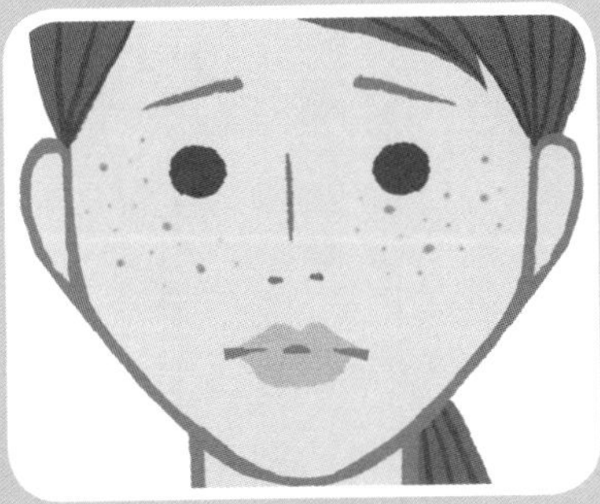

CHECK! ☑

- □ 膚色不均（還有其他明顯的斑點）
- □ 經常摩擦肌膚
- □ 紫外線強時更明顯

TYPE 4

## 糖化（泛黃暗沉）

糖化引起的暗沉。肌膚中多余的糖分與蛋白質結合，產生老化物質AGEs的狀態。因為AGEs為棕色，因此使肌膚看起來暗沉無光。

CHECK! ☑

- □ 偏食
- □ 皮膚整體泛黃暗沉
- □ 沒有運動習慣

肌膚救援

# 肌膚護理

透過居家護理改善肌膚

## 護理 1 改善肌膚紋理

### 修護角質層 讓更新恢復正常

調整更新的第一步是改變生活習慣。充足的睡眠、均衡的飲食和適度的運動能創造健康的肌膚細胞。

此外，肌膚護理的重點在於角質層修護療法。角質層修護療法是指透過日常的肌膚護理確實修護角質層，藉此讓更新正常運作，並產生健康的肌膚細胞。利用保養品護理角質層對調整更新週期相當重要。

### 紫外線、摩擦是肌膚暗沉大敵

肌膚暗沉的最大敵人就是「紫外線」和「摩擦」。這是因為「紫外線」和「摩擦」會對更新週期紊亂和黑色素累積造成重大影響，進而導致肌膚暗沉。

首先，不要花過多時間洗臉，並儘量避免摩擦臉部。

此外，紫外線不僅會使黑色素累積，導致斑點和暗沉，還會干擾更新週期，因此日常的紫外線防護很重要。

# 煥膚

## 利用煥膚護理角質

利用煥膚護理角質，能有效改善角質增厚和黑色素累積所引起的肌膚暗沉。煥膚是指將酸液塗抹在肌膚上來剝離角質，故意引發傷口癒合現象以促進肌膚更新。除了暗沉和斑點，還具有改善肌膚緊緻度、細紋和毛孔的功效。

煥膚藥劑的功效因pH值、濃度和塗抹時間而異。在醫療機關中進行的「化學煥膚」，比家用煥膚藥劑更具功效。保養品的效果較為溫和，每週使用一次可望能改善暗沉及妝容的服貼度。

### 煥膚種類

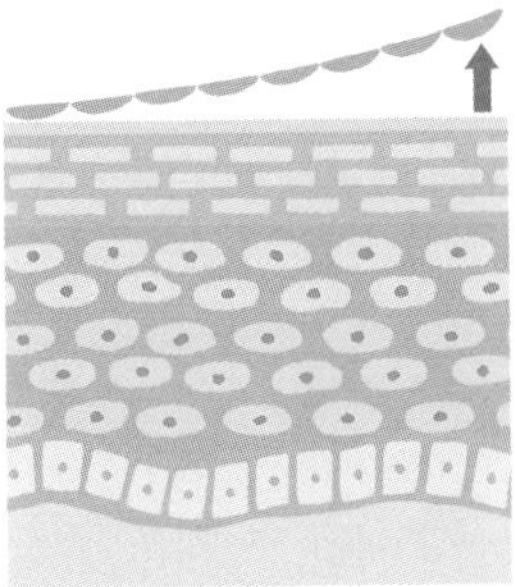

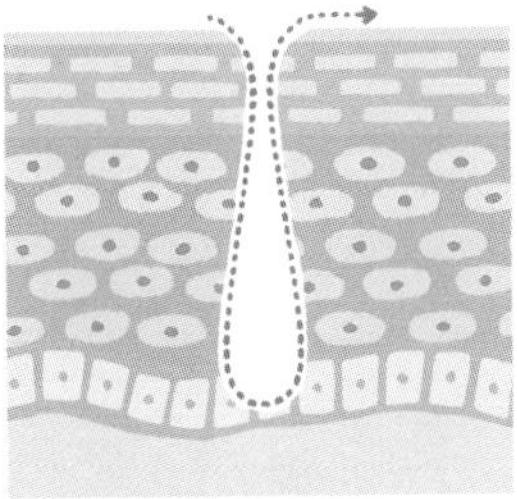

| AHA（α 羥基酸） | | BHA（β 羥基酸） |
|---|---|---|
| 甘油酸、乳酸、杏仁酸 | 成分名稱 | 水楊酸 |
| 水溶性 | 種類 | 脂溶性 |
| 剝離表層角質 | 功效 | 去除角栓與毛孔堵塞 |
| ●改善暗沉（亮白效果）<br>●促進膠原蛋白生成（改善毛孔與肌膚緊緻度） | 預期效果 | ●穿透毛孔並去除角栓（改善青春痘、油性肌、毛囊角化症）<br>●抗炎作用 |
| ●懷孕期間也能使用<br>●可能會增加肌膚對紫外線的敏感度<br>●根據濃度（尤其是甘油酸）較容易感到刺激 | 其他 | ●懷孕期間應避免使用<br>●無紫外線過敏 |

# 護理3 抗糖化護理

## 防曬最優先

糖化發生在全身各處，會引起膠原蛋白變性，並導致肌膚彈力下降以及肌膚泛黃暗沉。

不僅如此，有報告指出，含有大量AGEs的皮膚容易產生黑色素，進而容易形成斑點。

須要注意的是，紫外線等氧化壓力會加速糖化壓力。因此，抗糖化肌膚護理中最重要的就是紫外線護理。換句話說，抗糖化護理的關鍵在於和抗氧化護理併行。

## 選擇抗糖化・抗氧化成分

抗糖化成分主要包含分解已產生的老化物質AGEs，以及抑制AGEs生成的成分。抗糖化保養品的成分也是如此。有報告指稱，肌膚護理中的抗糖化成分可以透過持續塗抹在肌膚上，有效改善肌膚暗沉以及肌膚彈力。但是，目前都只屬於小型研究，未來仍須進一步求證。

由於氧化壓力會加速糖化壓力。因此，在採用護膚產品時，結合抗氧化劑使用會更加有效。

## 抗糖化・抗氧化成分

| 成分名稱 | 特性 |
|---|---|
| 藍莓萃取物 | 從藍莓中攝取出來的成分。具有抗糖化‧抗氧化作用。內含於化妝品、保養品及補充劑中。 |
| 肌肽 | 一種由兩種胺基酸組成的咪唑二肽。具有抑制活性氧以及抗氧化的作用。 |
| 菸鹼醯胺 | 維生素B3的一種。具有抗衰老作用，預期能有效改善皺紋。有報告指稱，菸鹼醯胺還具有抗糖化．抗氧化作用，可減少糖化的膠原蛋白。 |
| 橄欖葉萃取物 | 對於抑制真皮蛋白質變黃極具功效。此外還具有抗炎作用。 |
| 艾草萃取物 | 從菊科植物艾草中萃取的成分。具有分解AGEs的抗糖化作用。 |
| 大車前草種子 | 從車前科車前屬的大車前草種子提取出來的萃取物。具有抑制AGEs生成的抗糖化作用。 |
| 魚腥草 | 魚腥草中含有的槲皮素（Quercetin）具有抗氧化作用，預期能有效進行糖化護理。 |
| 櫻花葉萃取物 | 具有抑制AGEs生成及預防糖化的作用。此外還具有美白和抗炎作用。 |

**Q** 抗糖化護理應該從幾歲開始？

**A** 四十歲以後，糖化的影響會出現顯著的個體差異。因此，理想的情況是在差異出現前就開始抗糖化護理。但這並不意味著四十歲過後就太遲了。最重要的是，抗糖化護理與生活習慣極具關連性。

# 內在護理

## 從體內讓肌膚問題歸零

護理1

### 提供肌膚活力的飲食

**從體內促進血液流動&抑制黑色素**

血液循環不良是造成肌膚暗沉的原因。建議以維生素E和鐵改善血流。

尤其是維生素E具有抗氧化作用，除了能改善血液循環，還可望有效減緩紫外線損傷。酪梨和杏仁等堅果類中富含維生素E。除了維生素E，抗氧化成分還包含維生素A、維生素C以及多酚，建議一併攝取。此外，抑制血糖值上升的食物對於抗醣化也很重要。

**肌膚暗沉建議飲食**

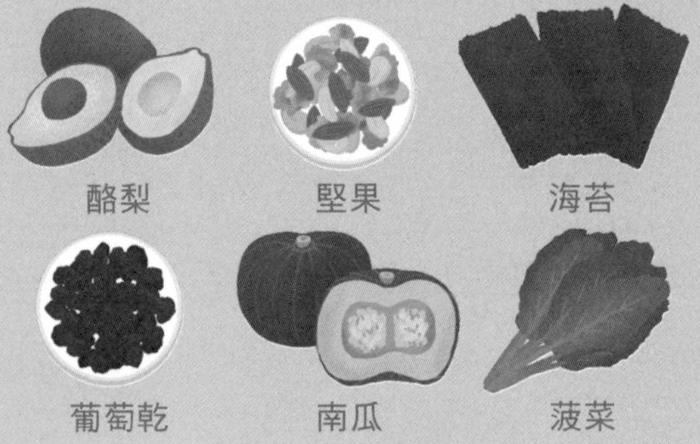

護理 2

# 充足的睡眠和運動

## 由內而外為肌膚注入活力

生活習慣對於改善血液循環不良及更新週期具有顯著的影響，尤其是睡眠。雖然關鍵在於每天至少要睡滿六小時，但在睡前調控自律神經以提高睡眠品質也很重要。臨睡前洗澡或是滑手機等行為會讓交感神經居於優勢，從而降低睡眠品質。

此外，運動也能有效改善血液循環。尤其是深蹲等鍛鍊下半身肌肉的運動，能有效提高肌力，因此相當推薦。除此之外，淋巴按摩也能暫時改善血液流動。

### 改善血液循環的按摩

雙手握拳，將食指關節放在耳朵前面以鬆開經絡，並在眼周輕柔地塗抹保濕霜或眼霜。

同樣以食指的關節，依序輕推眼頭附近到臥蠶中心下方、眼角下方一指處，再到外眼角延長線上的太陽穴周圍。

最後，像一開始一樣，再次輕輕按壓耳朵前面，並延伸至鎖骨。

**Q** 早上醒來時肌膚暗沉的急救措施？

**A** 當肌膚因宿醉或是睡眠不足，在隔天早上醒來時變得暗沉無光，可以進行淋巴按摩（請參閱本頁圖）作為急救措施。將熱毛巾放在臉上，並按摩頭部，就能暫時改善血流，進而改善肌膚暗沉。此外，從早晨開始攝取足量的水分，對於改善血流也十分重要。請勤於補充水分。

護理3

# 抗糖化飲食

## 防止血糖升高

糖化是指多餘的糖分與蛋白質結合，導致老化物質AGEs生成。

要抑制造成肌膚暗沉的糖化反應，重點就在於避免體內糖分過剩。

因此，防止血糖值升高的飲食頗具效果。具體來說，關鍵之一就在於應減少攝取精製白米和白吐司等高GI食品。

此外，像是海藻類和蕈菇類等富含膳食纖維的食物，以及醋（醋酸）和檸檬（檸檬酸）等酸性食物，可以抑制血糖值升高，因此最好經常攝取。

不用完全戒掉甜食，適度即可。

## 優質睡眠與低GI早餐

血糖值與糖化有極大的關聯性，實際上糖化也與睡眠有關。

睡眠不足或睡眠品質不佳，會導致「褪黑激素」的分泌量減少。「褪黑激素」是一種人體在睡眠時所分泌的荷爾蒙。褪黑激素分泌量減少，更容易導致餐後血糖值急遽升高。

另外，為了減緩一整天的血糖波動，養成每天固定吃早餐的習慣也很重要。從早上起就吃一頓抗糖化的早餐。

**Q** 是否有簡單的抗糖化護理？

**A** 抗糖化護理的重點之一就在於選擇低GI食材。但除此之外，稍微花點心思，就能提高效果。首先是從蔬菜等膳食纖維開始食用（蔬菜優先）。再來是細嚼慢嚥並充分咀嚼。即使是同一分餐食，餐後的血糖波動也會因為是否注意到這兩項規則而改變。請務必從今天開始，在飲食中採納上述規則。

## 按GI值分類的食材

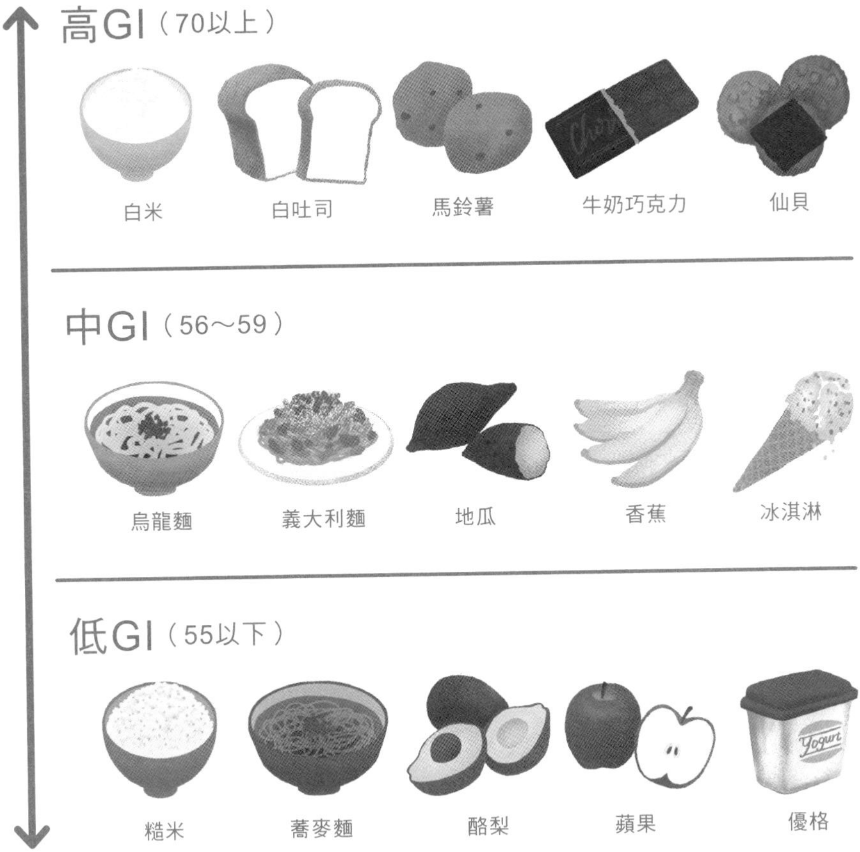
高GI（70以上）
白米
白吐司
馬鈴薯
牛奶巧克力
仙貝
中GI（56～59）
烏龍麵
義大利麵
地瓜
香蕉
冰淇淋
低GI（55以下）
糙米
蕎麥麵
酪梨
蘋果
優格

# 皮膚科治療

## 借助醫療力量穩步改善

### 護理 1 煥膚

#### 有效改善暗沉的煥膚成分

醫療上所使用的煥膚成分有許多種類。其中最常用於肌膚暗沉及美白的成分，就是肝油酸與乳酸等「AHA（α-羥基酸）」。AHA是透過從表面剝離肌膚的角質層來促進更新週期，並刺激黑色素排出，從而達到增亮（美白）效果。此外，AHA還能增厚隨著年齡增長而變薄的表皮，並促進玻尿酸和膠原蛋白生成，產生抗衰老的效果。

**AHA（α-羥基酸）」的種類**

| 成分名稱 | 特性 |
|---|---|
| 甘油酸 | 分子量小且滲透力高，但容易感到刺激。 |
| 乳酸 | 分子量大於肝油酸，即使是敏感肌也能使用。具有保濕效果。 |
| 杏仁酸 | 與乳酸一樣分子量較大，不易刺激。 |

**Q** 家用煥膚是否較不具效果？

**A** 日本的煥膚化妝保養品由於考慮到安全性，能夠混合濃度相當低。因此很遺憾地，目前尚不清楚煥膚成分的原始效果如何。如果希望能獲得可靠的效果，或許最好還是選擇在醫療機構進行煥膚。但是，只要保養品適合自己的肌膚，在不過度使用的情況下，也值得適當地嘗試。

護理 2

# 微針・飛梭雷射

## 促進肌膚再生

要改善肌膚暗沉還可以選擇微針和飛梭雷射等其他煥膚療法。特別是，相較於傳統的飛梭雷射，微針的恢復期更短，手術過程也較為簡單。

微針是故意在肌膚上製造出許多細微的孔洞，並產生微小傷口，以促進肌膚再生。微針治療預期能有效改善毛孔、痘疤與暗沉。此外，微針的優點之一還包含藉由在肌膚上製造孔洞，讓有效成分更容易滲透到肌膚中。要改善暗沉，通常會選擇傳明酸和維生素C等有效成分。

### 微針＋有效成分示例

1 美白效果

＋維生素C、傳明酸等

2 改善毛孔

＋三氯乙酸（煥膚成分）、肉毒桿菌等

3 改善痘疤

＋PRP（皮膚再生療法）、生長因子等

## 護理 3 淨膚雷射・脈衝光

### 擊退黑色素造成的暗沉

**如果肌膚暗沉是因黑色素累積所導致，可以選擇以黑色素為標的的治療。**

具體來說，可以選擇淨膚雷射或是脈衝光等。淨膚雷射的雷射波長能有效擊碎黑色素，是以溫和的低能量雷射照射全臉進行治療。

脈衝光治療則是將廣範圍的波長應用於全臉以改善色調。脈衝光的雷射波長包含能有效擊碎黑色素的波長，以及能有效改善肌膚泛紅（血紅蛋白）的波長（請參閱第一五三頁）。淨膚雷射與脈衝光還能有效治療斑點。因此，有斑點困擾的人也可以納入參考。

### 淨膚雷射・脈衝光（IPL）之比較

| | 淨膚雷射 | 脈衝光（IPL） |
|---|---|---|
| 治療方式 | 利用波長對黑色素反應佳的雷射照射全臉 | 利用波長對黑色素和血紅蛋白（泛紅）反應佳的雷射照射全臉 |
| 效果 | 較淡的斑點、暗沉、肝斑 | 較淡的斑點、暗沉、泛紅 |
| 疼痛度 | 被橡皮筋彈到般的微痛感 | 被橡皮筋彈到般的微痛感 |
| 恢復期・副作用 | 幾乎沒有。術後可能會紅腫，但數小時內就會恢復 | 幾乎沒有。可能會出現暫時性泛紅，但數天內後就會恢復 |

※效果、恢復期和疼痛感因人而異。

**Q 改善暗沉無法一次見效？**

**A** 如果是黑色素積造成的膚色暗沉，依循斑點的治療方式就能有效改善。如果有明顯的色素沉澱，利用點狀照射可以儘速改善。但是，如果是全臉的色素沉澱或是暗沉，通常會選擇脈衝光或淨膚雷射，一點一點慢慢淡化，因此須要經歷多次療程才能改善。

CHAPTER 3

# 肌膚斑點

注意到時眼周已出現棕色小斑點。出現後就不會再變淡嗎？能對斑點預備軍預先採取措施嗎？肌膚護理和治療有什麼幫助？請決定如何應對出現斑點的範圍。

# 什麼是肌膚斑點？

## 有關年齡的肌膚問題代表
## 改善的關鍵在於依類型護理

### 黑色素累積的狀態

黑色素是由位於表皮基底層的黑素細胞所製造，斑點則是黑色素累積和沉澱狀態的總稱。

黑素細胞一旦遭受到紫外線損傷，就會產生黑色素以保護表皮細胞。然而，當黑素細胞製造出來的黑色素數量，超過肌膚週轉能夠排出的數量，黑色素就會不斷累積，留下棕色的斑點。

因此，雖然黑色素累積是造成斑點的首要原因。但是，如果肌膚更新週期紊亂，黑色素無法排出，也可能因此導致斑點產生。

此外，由於斑點的濃度會因黑色素的數量與深度而異，因此，不同類型的斑點有時會混合存在肌膚中。

### 對策因斑點類型而異

即使通稱為斑點，種類不同，原因和護理方式也有差異。

典型的斑點包含老年棕斑（Senile lentigines）、發炎後色素沉澱、肝斑、雀斑（freckle）。

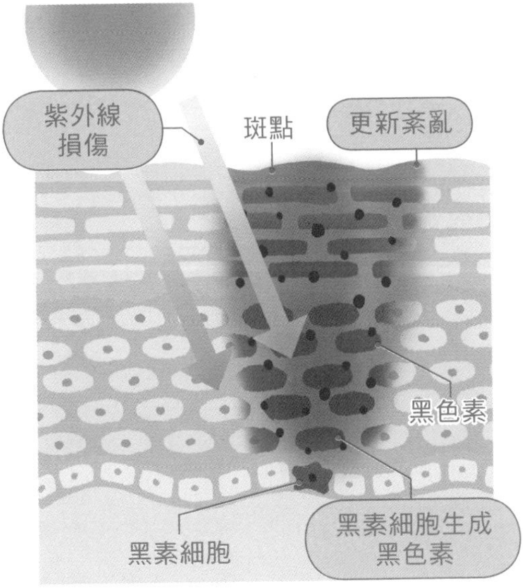


**斑點形成原理**

當肌膚受到紫外線刺激，黑素細胞就會生成黑色素以保護肌膚。當生成的黑色素數量，超過肌膚更新週期能夠排出的數量，黑色素就會開始沉澱，進而成為斑點，並出現在皮膚表面。

每種斑點的成因都不同，護理方式和治療選項也因斑點類型而異。但是斑點難以僅從外觀來區分，有時也會混合存在肌膚中。

如果沒有經由正確診斷就貿然接受治療，有可能無法獲得改善……。因此，建議先到皮膚科接受診斷。

## 診斷是否為肝斑

在各種類型的斑點中，肝斑的治療方式最有限。如果併發其他斑點，一旦有肝斑存在，就無法執行某些治療。因此，首先確認是否有肝斑是診斷的關鍵。

除了治療方式有限，肝斑的成因還包含女性荷爾蒙及壓力，且難以根治。因此，包含內在護理在內，耐心的護理很重要。

**Q 斑點和黑痣有何不同？**

**A** 斑點和黑痣都與黑色素有關，但病理完全不同。典型的斑點如「老年棕斑」是因為老化和紫外線造成黑色素過量生成的狀態。黑痣又被稱為「單純性雀斑痣（Lentigo simplex）」或是「黑色素痣（melanocytic nevus）」，大多屬於良性，是由產生黑色素的細胞（色素細胞）繁殖而來。黑痣則適用$CO_2$雷射或手術。

# 肌膚斑點類型

斑點主要分為四種類型
請確認看看自己是哪種類型！

## TYPE 1 老年棕斑

最常見的斑點類型。主要成因為紫外線造成的損傷。開始時是淺棕色，隨著年齡增長，顏色會逐漸變深也更明顯。

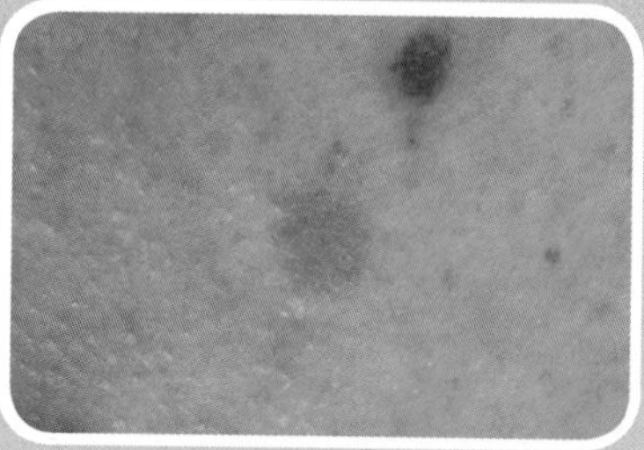

© Saman Sukjit | Dreamstime.com

CHECK! ☑

- ☐ 位於顴骨高處
- ☐ 渾圓且邊界清晰的斑點
- ☐ 直徑約數mm～數十m且大小不一
- ☐ 淺棕色～深棕色

## TYPE 2 發炎後色素沉澱

青春痘生長或雷射照射後，因發炎產生的黑色素導致色素沉澱的狀態。通常是暫時性，但如果久未痊癒，就須要治療。

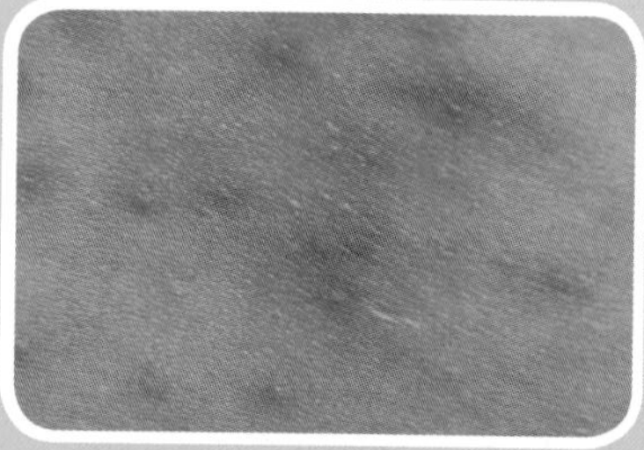

© Chalermphon Kumchai | Dreamstime.com

CHECK! ☑

- ☐ 形成於青春痘生長處
- ☐ 皮膚表面平坦
- ☐ 會隨時間稍微變淡

## TYPE 3 肝斑

形成於顴骨四周、左右對稱的斑點。原因尚不清楚。但據説主要是受到紫外線和女性荷爾蒙的影響。

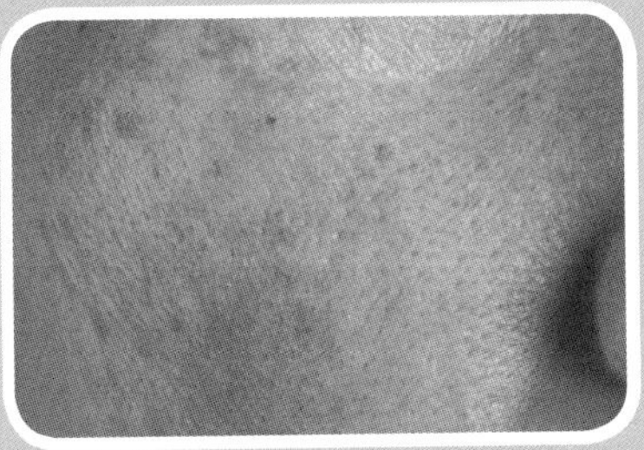

© Siam Pukkato | Dreamstime.com

CHECK! ☑

- ☐ 位於顴骨四周、左右對稱
- ☐ 比普通斑點範圍廣
- ☐ 與肌膚邊界模糊
- ☐ 不會出現在眼周

## TYPE 4 雀斑

與其他斑點不同，主要是由遺傳所引起。好發於十幾歲左右，其特點為呈現點狀的小斑點，並以鼻子為中心向外擴散。紫外線會加深雀斑的顏色。

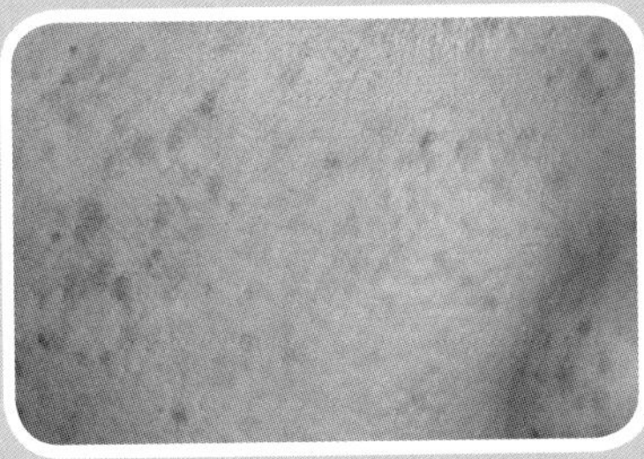

© Wiracha Unmattaaree | Dreamstime.com

CHECK! ☑

- ☐ 好發於十幾歲
- ☐ 以細小點狀從鼻子向外擴散
- ☐ 一個接著一個的細小斑點
- ☐ 淺棕色

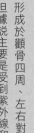

肌膚救援

# 肌膚護理

透過居家護理改善肌膚

## 護理1 抗UV與美白成分

### 預防和防止惡化護理

無論是哪種斑點，最重要的都是擦防曬。

基本上，保養品難以顯著改善已經形成的斑點，只能期待加以預防及防止惡化。

請不要認為「斑點不會變淡，所以沒有效果」，而是要想著不讓斑點惡化、不要製造新斑點，持續堅持護理。

美白成分一般是指日本厚生勞動省認可，「能夠抑制黑色素生成，防止斑點和雀斑」的有效成分。

美白成分的作用位置會因成分而異，其類型如左圖所示，大致分為三類：①抑制黑素細胞活化的類型②抑制黑色素生成的類型③還原黑色素或促進排出的類型。

其中，類型②的美白效果最佳，代表成分為對苯二酚。此外，結合不同類型的美白成分，也有望進一步提升美白效果。

**Q** 如何選擇美白成分？

**A** 基本上，美白效果最高的是能夠直接抑制黑色素生成的白美成分，例如對苯二酚。此外，透過結合不同功能的美白成分，像是對苯二酚與類視色素，預期也能增強白美效果。但是，有些成分可能會增加刺激，因此在使用上要多加注意。

## 美白成分作用

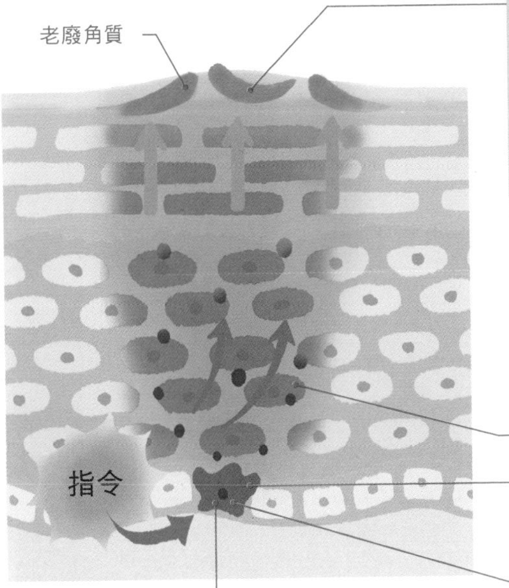


**③ 還原黑色素或促進排出**

阻止黑色素被輸送至角質形成細胞、還原與稀釋黑色素的色素，或是促進週轉與排出。

維生素C衍生物、菸鹼醯胺、類視色素、AHA（甘油酸、乳酸）等

**① 抑制黑素細胞活化**

防止紫外線照射下發出「製造黑色素」的指令到達黑素細胞。

洋甘菊萃取Chamomile ET、傳明酸等

**② 抑制黑色素生成**

透過抑制「酪氨酸酶（Tyrosinase）」的活性，阻止黑色素生成。酪氨酸酶是一種氧化酶，主要作用為製造黑色素。

對苯二酚、熊果素、麴酸、維生素C衍生物、杜鵑花酸等

肌膚救援 2

# 內在護理——從體內讓肌膚問題歸零

## 護理 1 維生素抗氧化

### 抗氧化飲食

抗氧化成分能有效預防斑點。抗氧化成分具有透過去除紫外線產生的活性氧，減少紫外線損傷的作用。具體來說，氧化成分包含維生素A、C、E和多酚等。

積極攝取含有這些成分的食材，或是利用補充劑補足也同樣有效。

維生素分為「水溶性」與「脂溶性」。脂溶性的維生素A、E會聚積在體內，攝取過量有可能會出現問題。

相反地，水溶性的維生素C（左旋維生素C），即使攝取過量也會作為尿液排出。但仍有報告指稱，每日攝取超過二〇〇〇mg，將有可能引發腎結石等副作用。

另外，也有報告指出，口服超過一〇〇〇mg的維生素C會降低吸收率。因此，即使是水溶性維生素，也要避免過量攝取。每日攝取量最好限制在一〇〇〇mg，並隨時補充。

此外，也有報告指稱，將維生素C與維生素E結合使用，可以增強其效果。

**Q 口服防曬有效嗎？**

**A** 口服防曬是含有抗氧化成分的補充劑，可以減少紫外線損傷。但是，「吃」的防曬錠並無法代替「塗抹」的防曬霜。事實上，國外也對口服防曬的過度廣告發出警告。口服防曬終究只是一個選項，防曬乳才是不可或缺的。

## 對抗斑點的建議食材

## Q 咖啡對斑點有效嗎？

**A** 咖啡中富含多酚，多酚的抗氧化能力能減少紫外線等氧化壓力，並有助於預防斑點。事實上，未來，預計在研究中將會有足夠的證據證實，咖啡對斑點究竟有多少效果。但是，目前我們可以說每日數杯咖啡確實對肌膚有益。

# 皮膚科治療

借助醫療力量穩步改善

## 是否為肝斑會影響治療方式

肝斑被稱為「炎症性斑點」，如果進行雷射等主動治療，炎症有可能會惡化，進而導致肝斑惡化。因此，在皮膚科中，會先確認斑點的類型是否為肝斑。

遺憾的是，無論採取何種治療，都無法完全根除肝斑。

然而，如果忽視防曬，或進行不當的肌膚護理，將會導致肝斑惡化。因此，最重要的還是日常護理。

這一點和其他的斑點相同。但是肝斑屬於處理起來尤其麻煩的斑點，必須進行全面護理。

### 斑點治療選項

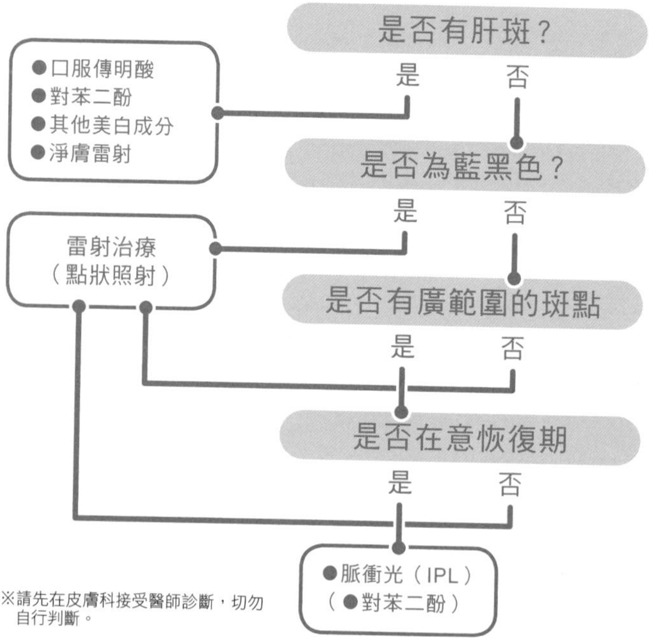


※請先在皮膚科接受醫師診斷，切勿自行判斷。

護理 1

# 肝斑治療

## 口服傳明酸是首選方案

患有肝斑時，首選的治療方式就是服用傳明酸。持續服用傳明酸，通常會在兩～三個月內見效。此外，也可請皮膚科開立對苯二酚與維A酸等外用藥。

淨膚雷射等也是治療方案之一，但是通常會先選擇口服及外用藥進行治療。之後，最好向主治醫師諮詢，確認是否須要增加淨膚雷射等治療項目。症狀經過治療消失後仍會頻繁復發，所以請多加注意，不要忽視日常護理。

### 肝斑處方藥物

| 處方要物 | 特性 |
|---|---|
| 傳明酸（口服） | 傳明酸具有透過降低黑素細胞的活性，抑制黑色素生成的作用。預期能有效預防斑點及肝斑，或是淡化斑點。持續服用口服傳明酸，通常會在兩～三個月內看到效果。 |
| 對苯二酚（外用） | 對苯二酚具有透過降低酪氨酸酶的活性，抑制黑色素生成的作用。預期能有效預防斑點及肝斑，或是淡化斑點。還能與維A酸併用。 |
| 維A酸（外用） | 維A酸能透過活化表皮細胞並使其繁殖，將位於表皮深處的黑色素向外推出。預期能有效淡化斑點及肝斑。但具有容易感到刺激及泛紅等副作用。 |

**Q** 口服或外用藥無法改善肝斑時該怎麼做？

**A** 肝斑的成因有很多種，其中之一就是肌膚護理不當所造成的「摩擦」。洗臉時，如果產生摩擦，像是擦臉或使用毛巾用力擦拭，肌膚就會持續發炎。因此，即使使用口服或外用藥，有時也難以改善症狀。當症狀無法改善，請重新審視肌膚護理的方式。

# 雷射治療・脈衝光

## 雷射治療

### 精確瞄準斑點

雷射治療是將特定波長的光線轉化為能量，並選擇性地破壞病變部位。在斑點治療上，會特別使用吸收度較高的波長來對抗及破壞黑色素。

雖然一次治療即可達到極佳的效果，但仍須進行術後護理。例如，在結痂剝落前，須一直貼著膠帶。

此外，照射部位一旦發炎，可能發生色素沉澱的情況。術後須要澈底遮蔽光線。近來也出現蜂巢皮秒雷射等新型雷射，預期能減少發炎後色素沉澱的風險。

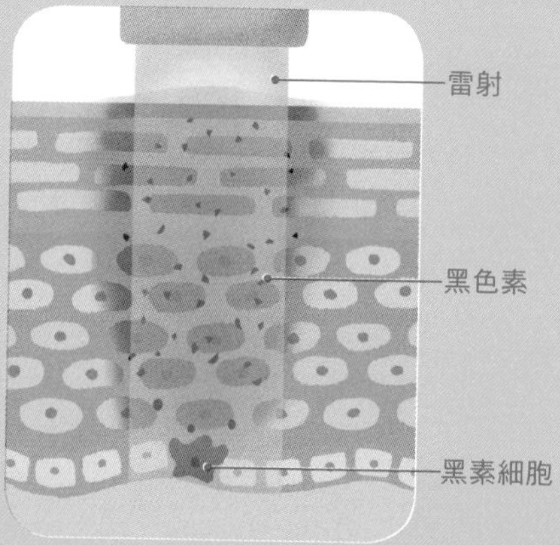


**選擇 POINT**

- 精確瞄準斑點
- 只需一次，效果極佳
- 恢復期(7～10天)
- 有發炎後色素沉澱的風險

# 脈衝光

## 廣泛改善顏色不均

脈衝光是利用波長範圍較廣的光源來治療斑點。因為採用了波長範圍較廣的光源，除了黑色素，還能有效對抗血紅蛋白，進而改善肌膚泛紅。因此，除了斑點，紅臉和痘疤造成的肌膚泛紅也有效用，所以還能改善全臉膚色不均的狀態。

相較於雷射，脈衝光的缺點在於治療一次的效果較差，要數次療程才能看到功效。但是，由於脈衝光適用於全臉，因此特別適合斑點範圍較廣（雀斑等）的患者。

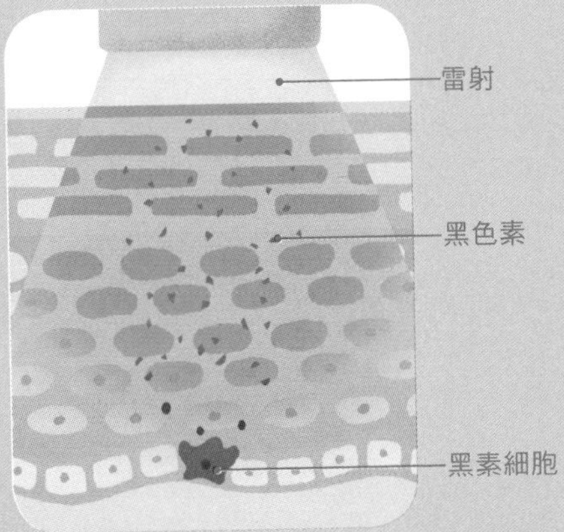


**選擇 POINT**

- 有效改善雀斑等範圍廣且顏色較淡的斑點
- 預期能有效改善肌膚泛紅
- 要數次療程
- 幾乎沒有恢復期

護理 3

# 對苯二酚

## 什麼是對苯二酚?

對苯二酚是酚類化合物之一，自古以來就被作為美白劑使用。可在黑色素生成的過程中發揮作用，透過降低酪氨酸酶的活性和抑制黑色素來改善斑點。

特別常用於肝斑和發炎後色素沉澱的斑點治療上，較其他美白劑更為強效。因此，自二〇二〇年後已經能混合於化妝保養品中，但大多數產品的濃度都低於二%。

混合濃度高於一定程度如四～五%的產品則被視為藥品，須在醫師的監督下開立使用。此外，孕婦不得使用。

## 使用上的安全性?

對苯二酚的安全性經常受到質疑。其中之一就是對苯二酚的致癌性。有報告指稱，在白老鼠實驗中大量應用對苯二酚會引發腎臟癌和白血病等惡性腫瘤。但是到目前為止，還沒有任何對人體具有明確致癌性的報告。一般認為，只要正確使用就沒有問題。另一項則是赭色症（Ochronosis）的副作用。雖然以年為單位使用對苯二酚的情況非常罕見，但某些報告中已出現斑點顏色反而變深的案例。建議在半年內確認對苯二酚的效果，並避免無止盡地長期塗抹。

**Q 懷孕期間是否有其他替代品?**

**A** 懷孕期間無法使用對苯二酚或者是類視色素。在此期間可以使用的替代成分之一為杜鵑花酸。事實上，有報告指稱，濃度二十%的杜鵑花酸與四%的對苯二酚在改善肝斑上具有同等的效果。其他像是菸鹼醯胺和維生素C等美白成分，在懷孕期間也能使用。

## 對苯二酚的正確使用方式

### ❶ 診所處方

雖然有市售的對苯二酚，但醫療機構所開立的藥物濃度更高，效果更好。此外，診所配製的藥物和製造商配製的藥物，在保存方式上有時也有所不同。

### ❷ 每日兩次精確塗抹

● 早上塗抹時紫外線絕對NG

每日兩次，可以在早晚塗抹。但由於紫外線容易導致品質劣化，肌膚有時會感到刺激。因此，早上塗抹時，必須完全遮蔽光線。如果無法避免光線，最好只在晚上塗抹。

● 精確塗抹在斑點上

請在肌膚護理結束時，只塗抹在斑點處。如果斑點非常細微，最好使用棉花棒。與類視色素併用時，請先塗抹類視色素，再局部塗抹對苯二酚。

### ❸ 結合使用有效成分

結合使用有效成分時，受到相乘效果的影響，預期能夠改善斑點。特別是與類視色素、甘油酸與乳酸等週轉促進成分的相容性十分良好。相反地，某些報告中已出現過與氧苯甲醯（Benzoyl peroxide）併用，會導致色素沉澱加劇。因此，請避免合併使用。

○ 類視色素、AHA、維生素C、E

✕ 過氧苯甲醯

### ❹ 懷孕期間避免使用

懷孕期間的肌膚狀況不穩定，容易出現問題。因此，請避免使用。

COLUMN

# 曬傷急救處理

## 即使塗了防曬，還是會不小心曬傷！

肌膚曬了太陽後立刻發紅的現象稱為「曬傷」。此時，皮膚暫時發炎了。

曬傷是紫外線造成的燒燙傷。換句話說，不小心曬傷時，需要的是等同於燒燙傷的護理方式。

首先，最重要的是確實降溫。如果曬傷的範圍較廣，可以採用淋浴的方式降溫。

接下來，由於水分會從燒燙傷的皮膚上迅速蒸發。因此重點在於，透過肌膚保濕與補水，從身體內外補充水分。

為了緩解皮膚發炎，曬傷後有時可以立刻至皮膚科開立類固醇等外用藥。

在曬傷的肌膚護理方面，可以使用具有抗炎作用的蘆薈。傳明酸、甘草酸二鉀（Dipotassium glycyrrhizate）、尿囊素（Allantoin）等準藥品的有效成分也能有效緩解皮膚發炎。

透過上述護理，能夠及早抑制發炎，從而讓肌膚不易留下疤痕（發炎後的色素沉澱）。

CHAPTER 3

# 肌膚皺紋

皺紋愈來愈深。眼睛和嘴巴周圍的皺紋變明顯時，肌膚可能已經不再緊緻。在皺紋變得更深之前，補充因老化而流失的膠原蛋白，以恢復肌膚緊緻度。

# 什麼是肌膚皺紋？

## 眼睛、嘴巴周圍的皺紋變明顯時……肌膚不再緊緻的跡象

### 因肌膚失去緊緻度而日漸深刻

皺紋是肌膚上的皺褶，在醫學上的定義為「因表皮和真皮老化而凹陷的凹槽」。皺紋是決定外表年齡的重要因素。因此，如果想要看起來永遠年輕，絕對需要抗皺對策。

真皮層的膠原蛋白和彈性蛋白等纖維成分，對皺紋的形成有極大的影響。隨著年齡的增長，這些纖維成分會減少生成。如果再加上紫外線和糖化等傷害，除了含量，品質也會顯著下降，並導致皺紋加深。

此外，表皮會隨著年齡增加而變薄和萎縮。於是，肌膚的含水量將會下降並容易變得乾燥，皮膚表面的紋理會因此變得紊亂，從而導致所謂的「乾燥性皺紋」。這就是為什麼眼睛、嘴巴周圍和手背等肌膚較薄的部分，容易出現皺紋的原因。

### 固定後就無法恢復的表情皺紋

即使是小孩，在做出特定表情時也會產生皺紋。只不過，這種皺紋通常只

## 淺度皺紋與深度皺紋

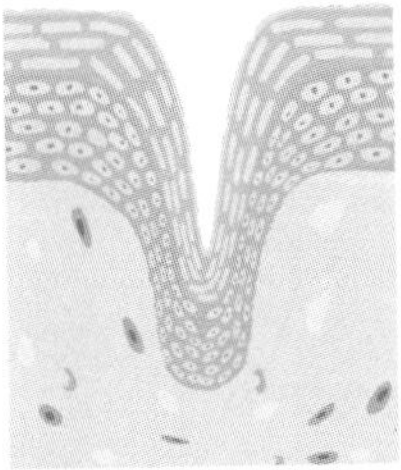

真皮皺紋（深度皺紋）

肌膚失去緊緻度，皺紋達到真皮層。

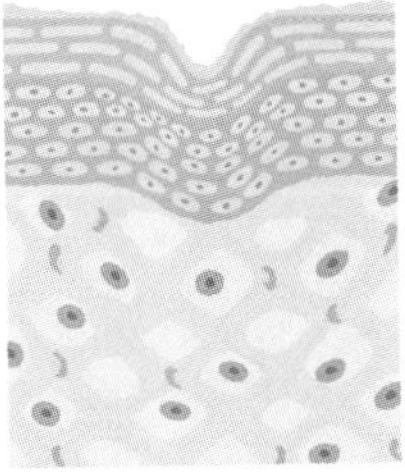

表皮皺紋（淺度皺紋）

肌膚紋理因乾燥而紊亂，形成淺度皺紋。

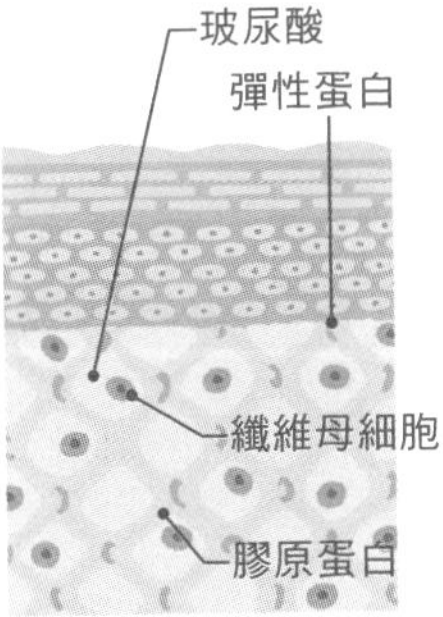


緊緻的肌膚

真皮層的纖維母細胞活躍運作，膠原蛋白與彈性蛋白豐富。

是暫時性的。然而，如果有皺眉或是瞪眼等壞習慣，不斷重複做出相同的表情，眉間和額頭就會形成固定的皺紋。再加上膠原蛋白等纖維成分含量和品質下降，不知不覺間可能就再也無法恢復。這就是「表情紋」。

皺紋一旦固定後，即使用盡一切美容醫療手段，也難以完全消除。如果是斑點，即使是從斑點變明顯的時間點才開始接受治療，也能夠有效改善。但如果是皺紋就會有些棘手。

為了儘可能防止皺紋，關鍵在於，要從一開始就採取措施，並仔細觀察是否已經形成表情紋。

## Q 應該幾歲開始抗皺？

**A** 許多人認為「皺紋」護理應該從四十歲以後才開始。但是，真皮的膠原蛋白在二十多歲以後就會逐漸減少，從而導致皺紋形成，所以須要儘早採取對策，以儘量抑制膠原蛋白的減少。話雖如此，但抗皺永遠不嫌晚。請務必記住，抗皺對策中最重要的就是防曬。

# 肌膚皺紋類型

皺紋主要分為三種類型
請確認看看自己是哪種類型！

## TYPE 1 乾燥性皺紋

因乾燥所引起的淺度皺紋。容易形成於眼睛和嘴巴周圍等皮膚較薄處。隨著年齡增加更易於形成。但即使是年輕人，也會因屏障功能下降而產生乾燥性皺紋。

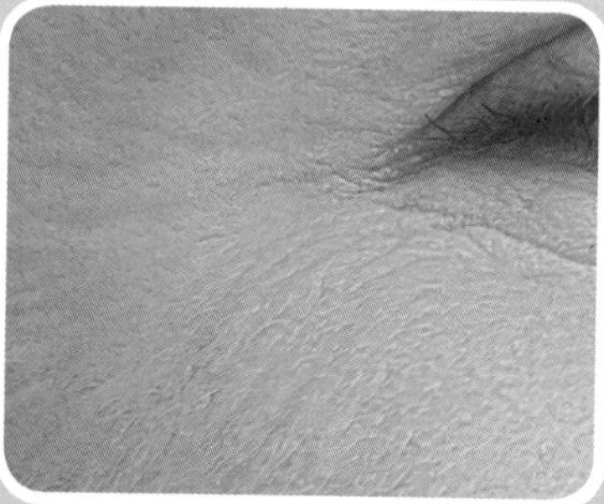

© Tanyalev1978 | Dreamstime.com

CHECK! ☑

- ☐ 雖然年輕卻產生皺紋
- ☐ 形成於眼睛和嘴巴周圍
- ☐ 細而淺的皺紋
- ☐ 容易乾燥

## TYPE 2 表情皺紋

因表情的習慣而產生的皺紋。肌膚一旦失去緊緻度，即使恢復表情，還是會留下皺紋。表情紋會隨著老化增加。

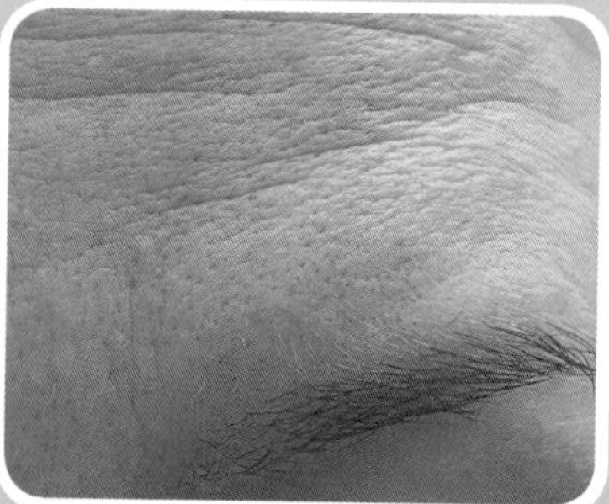

© Lazykin Konstantin | Dreamstime.com

CHECK! ☑

- ☐ 會隨老化增加
- ☐ 形成於眼周、額頭與眉間等處
- ☐ 因特定表情而產生的皺紋

TYPE 3

## 光老化引起的皺紋

由紫外線損傷所引起的皺紋。紫外線中的UVA到達真皮層，導致膠原蛋白變性，肌膚因此失去彈性，並形成皺紋。

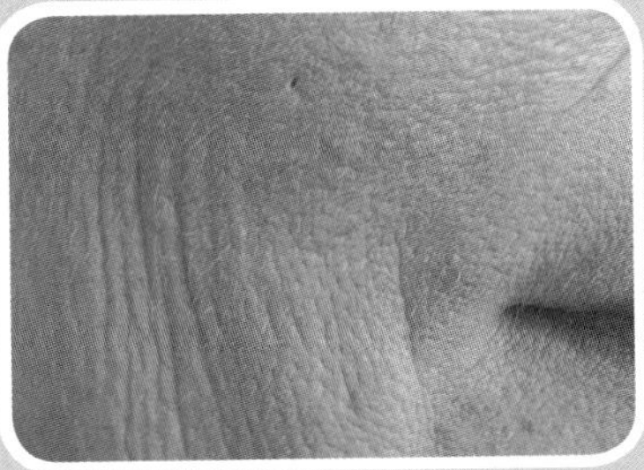

© Tanyalev1978 | Dreamstime.com

CHECK! ☑

- ☐ 同時出現明顯的斑點
- ☐ 經常忘記塗抹防曬
- ☐ 皺紋較深層，肌膚整體的乾澀粗糙變明顯

mini COLUMN

### 糖化也是皺紋的成因之一！

糖化損害也會造成皺紋。糖化產生的老化物質「AGEs」會引導膠原蛋白交互鏈結，並讓彈力降低，導致肌膚失去緊緻度進而產生皺紋。為了抗衰老，請儘早進行糖化護理！

CHECK! ☑

- ☐ 肌膚暗沉變明顯
- ☐ 暴飲暴食

肌膚救援

# 肌膚護理

透過居家護理改善肌膚

## 護理 1 類視色素

### 改善皺紋到護理毛孔一氣呵成

對於已經固定的皺紋，難以透過肌膚護理復原，但仍有一些成分能有效改善皺紋，代表成分就是類視色素。類視色素是維生素A及其衍生物的總稱，具有促進肌膚更新的作用。

藉此能夠促進膠原蛋白和玻尿酸的生成，並有望改善皺紋。不僅如此，類視色素還具有抑制皮脂分泌和減少紫外線損傷的效果。

如左頁圖所示，類視色素有幾種類型。但無論哪種類型，最終都要轉化成「視黃酸」的形式，才能作用於皮膚。而「維A酸」「艾達膚力」等視黃酸的特性則是能以原本的形式作用於肌膚。因此，與其他類視色素相比效果更佳。但相反地，也較容易產生刺激與泛紅等副作用。

另一方面，保養品中通常會混合視黃醇與視黃醇酯等成分，效果比藥品更加溫和。因為較不刺激，所以相對也容易吸收。

## 類視色素的種類

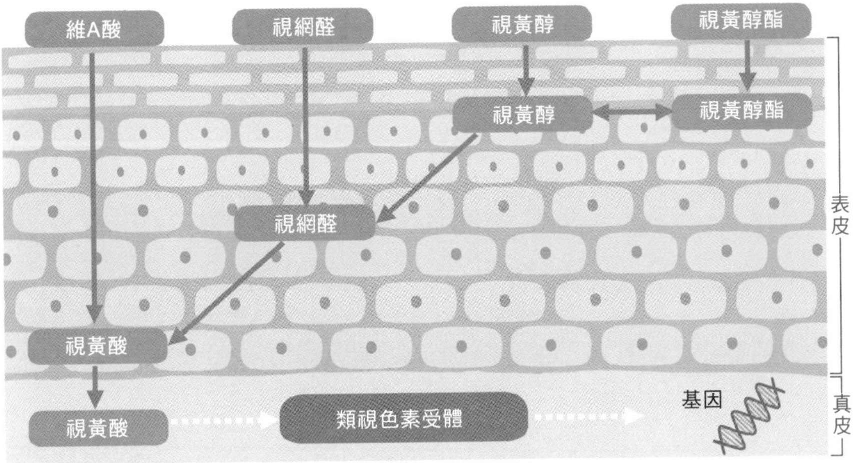


### 維A酸

維A酸屬於藥品。濃度通常限制在0.05～0.2％。濃度愈高愈容易感到刺激，因此從低濃度開始使用較為安全。

### 視網醛

一次就能轉化為視黃酸，是最有效的化妝保養品成分。但在日本較不流通。

### 視黃醇

最廣泛用於化妝保養品中的成分。但是不同的化妝保養品，濃度大多有所差異。

### 視黃醇酯

最溫和的類視色素。須要轉化數次才能成為視黃酸，因此效果溫和。

**Q 擔心類視色素反應造成脫皮時該怎麼辦？**

**A** 類視色素的副作用容易在使用後一至兩週出現，而大多數人會在一個月內改善到無須在意的程度。為了儘量抑制這種類視色素反應，可以在使用方式上下功夫，以減輕副作用。舉例來說，像是先從低濃度且少量的類視色素開始使用，使用頻率可從每週一至兩次開始，以及在塗抹前預先做好保濕等。

### 菸鹼醯胺的功能

| 功能 | 詳細說明 |
|---|---|
| 屏障功能・保濕效果 | 促進神經醯胺等細胞間脂質生成，提高角質層含水量與屏障功能。 |
| 抗癌作用 | 能透過抑制炎症細胞與促炎性細胞因子，有效改善青春痘與酒糟性皮膚炎。 |
| 美白效果 | 抑制黑色素從黑素細胞被運送至角蛋白細胞（細胞）。 |
| 改善皺紋、毛孔・抗氧化作用 | 改善因紫外線損傷所造成的膠原蛋白減少，並促進膠原蛋白生成。 |

## 易於組合使用的萬能成分

除了類視色素，「菸鹼醯胺」也是推薦使用的有效抗皺成分。菸鹼醯胺除了具有抗皺作用，還具有改善肌膚屏障功能與抗發炎等作用，以及美白效果等多種功效。

菸鹼醯胺具有防止膠原蛋白因紫外線損傷而減少，以及促進膠原蛋白生成等作用，因此，據說也能有效抗皺。

菸鹼醯胺的優點是，不僅具有各種美肌效果，還易於與其他有效成分併用。此外，菸鹼醯胺是一種較不容易造成刺激的成分，因此即使是敏感肌的人也能使用，這項特點十分獨具魅力。

**Q** 抗皺有效成分「NEI-L1®」是什麼？

**A** NEI-L1®是日本POLA獨家專利的抗皺成分，正式名稱為「NEI-L1」。NEI-L1能夠阻礙酶參與分解彈性蛋白纖維「嗜中性白血球彈性蛋白酶」，並抑制膠原蛋白分解，從而改善皺紋。NEI-L1®是少數聲稱具有「改善皺紋」功效的準藥品成分之一。

## 肽的結構

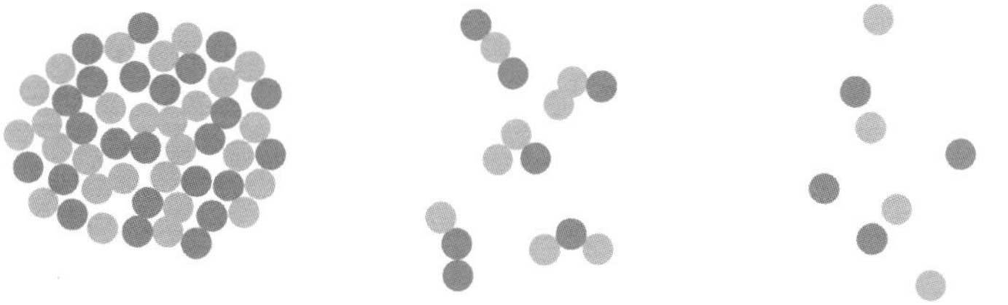

蛋白質　　肽　　胺基酸

### 透過產生膠原蛋白恢復緊緻

近年來，肽作為抗衰老成分逐漸受到人們關注。肽是一種由胺基酸結合而成的短鏈狀分子，而胺基酸是構成蛋白質的基本單位。據報告指出，肽具有增加細胞間訊息傳達與生成膠原蛋白等各種作用。

包含類視色素、維生素C和AHA（α-羥基酸）等在內，能夠促進膠原蛋白生成，與皺紋形成極具關連性的成分種類相當多。但其中有些成分較容易刺激肌膚。而肽的優點則在於相對不易造成刺激，能夠輕鬆塗抹於眼周。

# 內在護理——從體內讓肌膚問題歸零

## 護理 1 防止糖化的飲食方法

### 抗衰老的飲食方式

近年來，「糖化」作為皺紋成因之一備受關注。為了減少糖化壓力，調整生活習慣很重要。其中，飲食對於糖化壓力又有著極大的影響。

要抑制糖化壓力，除了須注意攝取會讓血糖值急遽上升的高GI食物，烹飪和飲食的方式也很重要。只要稍微下點功夫就能掌握烹飪和飲食的方式。因此，最好儘可能多加練習。

**糖化護理的飲食方式**

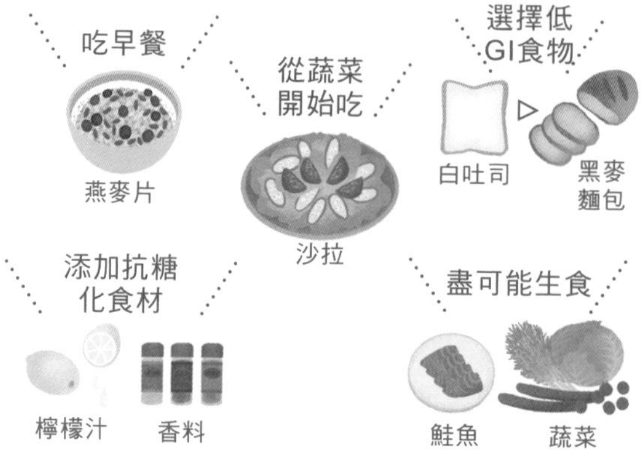

## 導致膠原蛋白減少的習慣

護理 2

# 維持膠原蛋白的習慣

### 減少膠原蛋白的氧化壓力

膠原蛋白損害會導致皺紋形成，而「氧化壓力」是減少膠原蛋白損害的關鍵。氧化壓力是指因紫外線和空氣汙染產生過量的活性氧物質，而對生物體造成有害影響。

特別須要注意的是，由於紫外線中的「UVA」波長相對較長，可到達真皮層，破壞膠原蛋白等纖維，進而加速肌膚老化，導致皺紋和鬆弛問題產生。

除此之外，吸菸、睡眠不足和壓力等生活習慣也會引發氧化壓力。因此，重點在於從年輕時起就好好審視自己的生活習慣。

**Q** 防曬是否能抵擋藍光？

**A** 藍光是可見光之一。藍光的特性之一是波長較紫外線更長。抗紫外線的成分有各自擅長防禦的波長，並非所有成分都能阻擋可見光。而其中，「氧化鈦」等散射劑可根據粒子的大小來截斷可見光的波長。因此，理論上能夠抵擋藍光。

### 皺紋治療方式的選擇重點

皺紋的治療方式會隨皺紋的成因改變。首先，如果是乾燥性皺紋，除了保濕外，離子導入和電穿孔術導入都是有效的治療方式。此外，如果是因特定表情而產生的表情紋，則可以選擇注射肉毒桿菌等治療方式。

其他類型的皺紋則可以選擇飛梭雷射或微針等，促進膠原蛋白生成的治療方式，或是注射玻尿酸（請參閱第一八三頁）以填充皺紋凹槽。

#### 皺紋治療方式

**▼乾燥性皺紋**

保濕、離子導入
電穿孔術

**▼表情紋**

注射肉毒桿菌

**▼其他皺紋**

飛梭雷射、微針、注射玻尿酸

護理 1

# 矯正面部表情

## 肉毒桿菌 抑制肌肉萎縮

注射肉毒桿菌是一種抑制肌肉萎縮的治療。

我們可以透過收縮肌肉創造臉部表情，但如果過度運作，就會產生「臉部表情紋」。肉毒桿菌則能減少肌肉運動，從而有效防止因表情習慣而產生的皺紋。

注射肉毒桿菌的治療大約會在三天～兩個星期內見效，且效果將持續到往後的四～六個月。雖然治療風險相對較低，但在習慣之前可能會因為內出血、疼痛，以及注射部位難以動作而感到不適。

### 肉毒桿菌施打部位

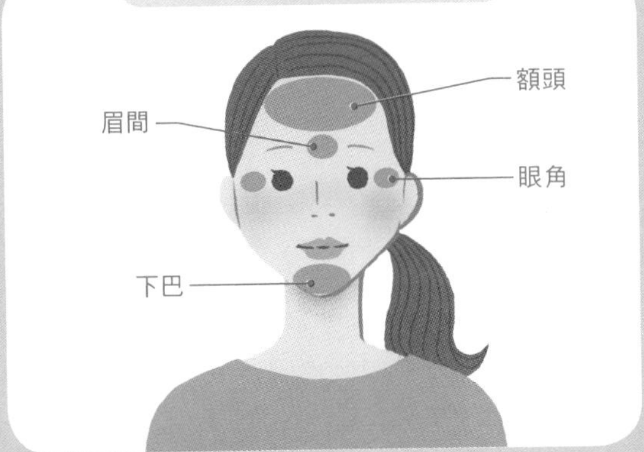


### 肉毒桿菌用途

- 改善表情紋
- 改善下顎與臉部線條
- 多汗症（腋下、手部等）
- 改善肩膀僵硬

護理 2

# 產生膠原蛋白

## 恢復肌膚緊緻

包含飛梭雷射和微針在內，有許多治療方式可以改善肌膚緊緻度。這些治療方式的目的都是在促進真皮膠原蛋白生產（附加效果）。

除了注射肉毒桿菌或玻尿酸，只以改善皺紋為目的而接受上述治療的案例相對較少。大多數的案例都是考量到有改善毛孔與膚質等附加效果，以及恢復期的平衡而選擇這些療程。

通常效果愈好的療程，恢復期就愈長。此外，即使效果極佳，也建議持續接收治療。

### 飛梭雷射

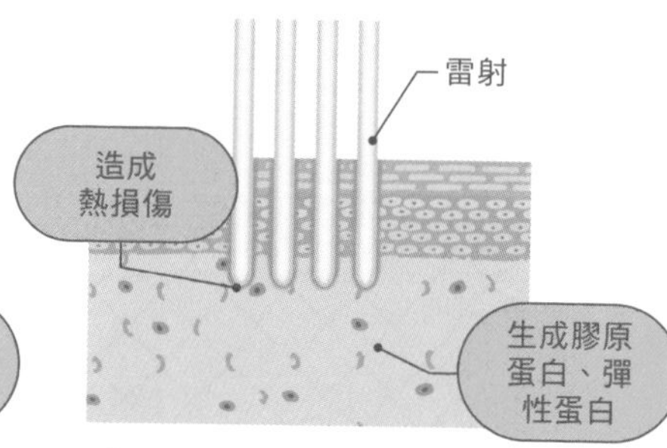


利用細小的點狀雷射照射肌膚造成熱損傷，以促進肌膚再生，藉此重建膠原蛋白等。恢復期相對較長。

### 微針

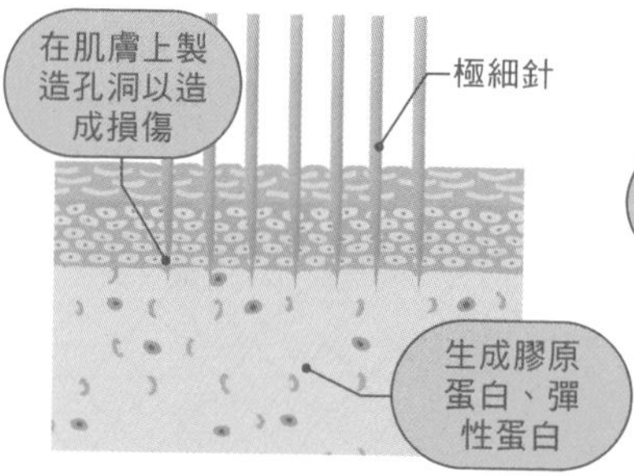


在肌膚上製造細微的孔洞，以促進肌膚再生，藉此重建膠原蛋白等。恢復期相對較短。

**Q** 治療一次就會見效？

**A** 很遺憾地，上述所有治療都無法只進行一次，就能有明顯的改善。但絕對不是說這麼做沒有意義。是否持續接受治療，從長遠來看，將出現極大的差異。不僅是治療，肌膚護理也是一樣，重點就在於日積月累、持之以恆。

# 肌膚鬆弛

法令紋和眼睛下方的鬆弛。肌膚會隨著年齡增長而下垂。肌膚鬆弛的成因包含維持肌膚緊緻的膠原蛋白減少、深層肌肉無力或是骨骼萎縮等。請儘早採取對策。

# 什麼是肌膚鬆弛？

**總覺得臉部逐漸下垂……肌膚失去彈性的跡象**

## 真皮層變化造成肌膚鬆弛

近年來，肌膚鬆弛在皮膚科中是僅次於斑點的常見肌膚問題之一。

肌膚鬆弛是指因皮膚結構鬆弛，肌膚受重力影響導致下垂的狀態。肌膚鬆弛的具體症狀包含，臉部線條下垂、法令紋、嘴角的木偶紋以及眼睛下方的淚溝等。

為什麼肌膚會隨著年齡增長而鬆弛？其中一個原因，就是真皮中膠原蛋白與彈性蛋白等纖維結構的變化。

從二十幾歲開始，在生理上，這些纖維就會開始逐漸減少。此外，紫外線損傷也會加速膠原蛋白的減少。膠原蛋白和彈性蛋白的作用類似於支撐肌膚的「支柱」。因此，隨著支柱減少，肌膚將更容易因重力而下垂。

如果以解剖學稍加説明，臉部中有些部位容易受到重力的影響，有些則不然。舉例來説，臉頰的皮膚較容易下垂，而嘴巴周圍則較不易下垂，在其邊界的部位則會出現法令紋。

## 皺紋和鬆弛

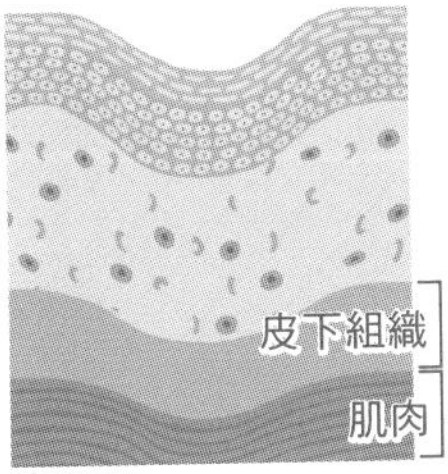


出現鬆弛的肌膚

較真皮層更深處的脂肪或肌肉變質而造成肌膚鬆弛。

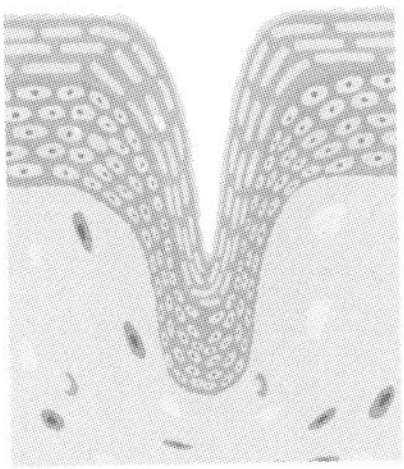

出現皺紋的肌膚

真皮層的膠原蛋白減少、變質，導致肌膚出現皺褶。

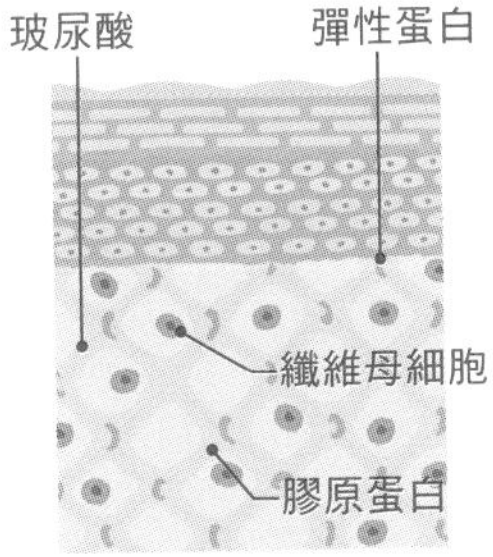


正常肌膚

真皮層的膠原蛋白穩定，肌膚保有緊緻度。

## 肌肉、脂肪和骨骼變化引起的肌膚鬆弛

皺紋和肌膚鬆弛一樣，都與真皮膠原蛋白和彈性蛋白的減少有顯著的關聯性。只不過，須要注意的是，造成肌膚鬆弛的原因還有其他三項：

・脂肪的變質、下垂
・筋膜鬆弛
・肌肉與骨骼萎縮導致體積減少

這種深層部位的變化，讓肌膚更容易受重力影響，且深層部位體積的減少也會造成皮膚過多，導致肌膚鬆弛。

保養品無法作用於這些深層部位的組織。換句話說，從內外兩面護理肌膚鬆弛很重要。

**Q** 不確定是脂肪或鬆弛時該怎麼辦？

**A** 有些人即使年輕，法令紋也很明顯。但事實上，許多時候這種情況是由於脂肪造成臉頰體積增加，而非肌膚鬆弛所導致。如果是脂肪，可以透過捏住臉頰時的體積來判斷。在自行判斷後就接受昂貴的治療前，建議先在皮膚科接受診斷，確認是否為肌膚鬆弛。

# 肌膚鬆弛類型

各種地方下垂的肌膚鬆弛
請確認看看容易鬆弛的地方！

## 容易鬆弛的地方

容易出現鬆弛的地方大多已是既定了。

舉例來說，由於法令紋是從鼻頭延伸到嘴唇的線條，因此許多人往往會將它誤認為皺紋。但是實際上，法令紋是肌膚鬆弛所造成。重力的影響是造成法令紋變明顯的原因。嘴巴周圍的組織和臉頰組織中，臉頰的組織較容易因重力而下垂，其差異則顯現在「線條」上。

同樣地，由於重力的影響，隨著年齡的增長，臉頰也更容易出現木偶紋和雙下巴。此外，下眼瞼則是容易因眼睛下方脂肪凸出、臉頰脂肪下垂，而變得凹凸不平的部位。

臉部的下半部特別容易受到重力的影響。但其影響力也會隨著肌膚深層部位的體積變化大幅改變。舉例來說，如果體重突然增加，組織就更容易因重力而下垂。

另一方面，當年齡增長導致肌肉減少或是骨骼萎縮，肌肉和骨骼的體積就會減少，臉頰可能會愈顯凹陷。臉頰凹陷是外表衰老的原因，因此，可以透過美容醫療，像是注射玻尿酸來適當調整體積，作為治療肌膚鬆弛的方式。

除了鬆弛明顯的部位，還必須透過整張臉來判斷肌膚鬆弛的類型。

## 容易鬆弛的地方

**③ 下眼瞼**
（眼睛下方鬆弛）

眼睛周圍的肌肉無力，無法支撐脂肪的狀態。看似眼睛下方的黑眼圈。

**① 法令紋**

由於臉頰和嘴巴周圍的皮膚受到重力影響的差異，在邊界處產生的凹槽。嚴格來說，是下垂的一種而非皺紋。

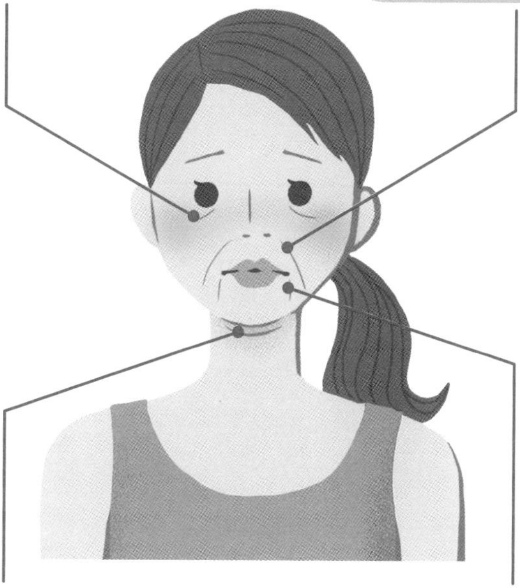

**④ 雙下巴**

臉部線條鬆弛的狀態。鬆弛的程度可能會因脂肪體積的變化而改變。

**② 木偶紋**

和法令紋一樣，因為重力影響的差異，在其邊界處產生從嘴角延伸至下巴的線條。

# 肌膚護理——透過居家護理改善肌膚

肌膚救援 1

## 護理 1 抗UV‧產生膠原蛋白

### 有效護理與皺紋相同

肌膚護理中可以採取的「鬆弛對策」基本上與「抗皺對策」相同。

換句話說，關鍵就在於防曬以及攝取維生素C與類視色素等成分，以抑制膠原蛋白的減少。

由於肌膚鬆弛的成因還包含深部組織的變化，因此肌膚護理能做的事情相當有限。實際上，這就是為什麼化妝保養品無法「改善鬆弛」的原因。

此外，近來市面上有愈來愈多的美顏神器，號稱能夠立即有效改善肌膚鬆弛。肌膚鬆弛立即獲得改善，有可能是因為消除了「浮腫」。換句話說，淋巴循環一旦獲得改善，就能暫時消除浮腫，從而讓臉部線條變得緊實有緻。但由於美容神器屬於美容機器，因此效果較為溫和，如果想要顯著改善肌膚鬆弛，坦白說，效果並不如預期。

利用簡易的按摩方式也能有效改善浮腫，請務必時常按摩淋巴。

護理 2

# 預防浮腫的按摩方法

1

將乳霜塗抹於全臉。利用食指和中指做出剪刀狀夾住雙耳後，以畫圓方式旋轉約十次。

2

以食指的第二個關節按壓耳下凹陷處。旋轉鬆開後，順勢向下移動至鎖骨

3

在眼睛周圍塗抹眼霜，以中指和食指指腹從眼頭至眼尾，沿著凹陷處清柔按壓。

4

將拇指置於鼻頭兩旁，並輕柔按壓，同時沿著顴骨逐步移動位置，往上按壓至耳朵前方。重複大約五次。

5

手握拳放在下巴上，緩慢移動至耳下。重複大約五次。

6

將食指的第二個關節放在耳後，然後緩滿移動至鎖骨。

## 護理1 抗衰老飲食

### 強化骨骼的維生素D

「氧化・糖化」壓力是加速膠原蛋白變質和減少的兩大主因。而透過內在護理則能顯著改變氧化・糖化壓力。

首先，在飲食方面，建議以均衡飲食為基礎，積極補充抗氧化成分（請參閱第一四八頁），並注意選擇能抑制血糖值急遽上升的食材（請參閱第一六六頁）與飲食方式。此外，骨骼萎縮是肌膚鬆弛的原因之一，而維生素D、維生素K以及鈣質等營養物質則能有效強化骨骼。

**建議食材**

**Q** 維生素D是如何合成？

**A** 與骨骼形成極具關聯性的維生素D是由紫外線所合成。因此，過度預防紫外線，往往令人擔憂會造成維生素D不足。但是到目前為止，並沒有任何資訊證實紫外線護理與骨骼健康間具有關聯性。由於紫外線對健康造成的危害顯而易見，確實防範紫外線仍是首要任務。

護理 2

# 維持肌肉量

## 適度鍛鍊肌肉以有效對抗鬆弛

首先，透過維持肌肉量有望能減緩鬆弛的進展。此外，近年來也有報告指稱，肌肉訓練等運動可促進肌肉分泌「肌聯素」物質，而肌聯素可以直接幫助改善鬆弛與皺紋等肌膚老化跡象。

不僅如此，運動也有助於骨骼形成。舉例來說，透過腳後跟下壓及深蹲對骨骼施加負荷，能活化形成骨骼的成骨細胞（osteoblast）。這些運動全都能輕鬆在家中完成，所以請務必試著進行鍛鍊。

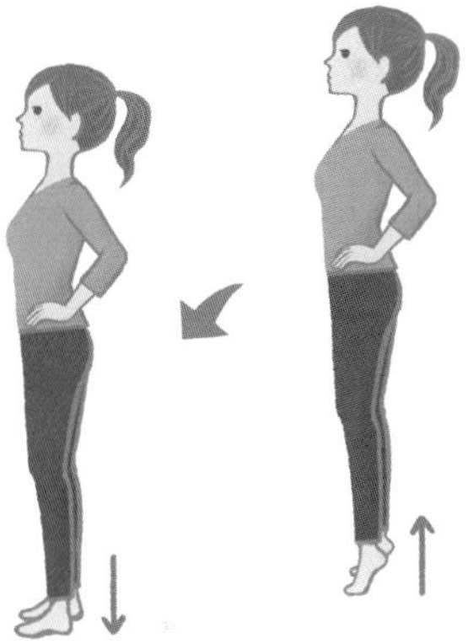

腳後跟下壓

深蹲

Q 如何訓練臉部肌肉？

A 一般認為，臉部肌肉會隨著年齡增長而萎縮。但不僅如此，肌肉因老化而僵硬，也有可能導致肌膚鬆弛。雖然不用特地訓練臉部肌肉，但適度使用臉部肌肉，並透過均衡飲食與適度運動，維持全身脂肪及肌肉的含量，也有助於預防肌膚鬆弛。

肌膚救援 3

# 皮膚科治療

借助醫療力量穩步改善

## 護理 1 高週波拉皮

### RF治療（高週波治療）

利用無線電波產生膠原蛋白

RF是一種利用無線電波加熱皮膚內部，透過促進膠原蛋白生成收緊肌膚的治療。RF中的單極RF能夠將熱能傳遞至皮下脂肪層，因此具有極高的緊實功效。近來，也有以微點狀無線電波照射肌膚的飛梭雷射等治療。除了肌膚鬆弛，預期也能改善痘疤。

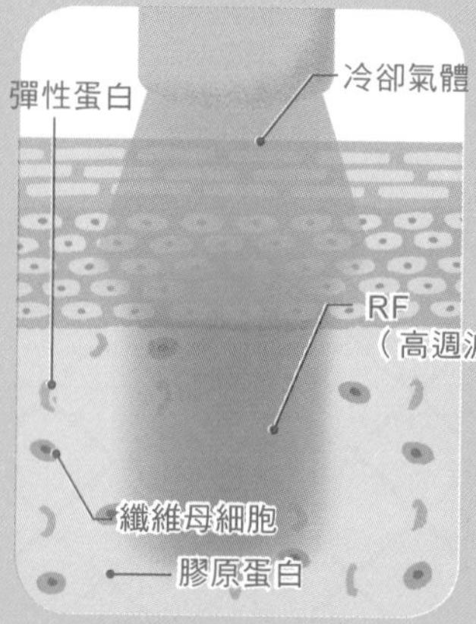


**選擇 POINT**

- 特別希望改善臉部線條
- 嘴巴周圍鬆弛明顯

# 超音波拉提

## 利用超音波接觸到每一層

海芙音波（HIFU）是指「高密度聚焦式超音波」，是近年來一種相當受歡迎的肌膚鬆弛治療方式。治療標的則因筋膜層（SMAS）、脂肪層、真皮層及發射數量而異，在各層產生微熱凝點，藉以實現拉提效果。最近，提供海芙音波療程的美容沙龍日益增加，但美容中心的海芙音波治療屬於非法行為，如果不是在充分理解臉部解剖學和設備性質的醫師指導下進行海芙超音波治療，可能會發生神經損傷和燒傷等問題。因此，請務必至醫療機構接受治療。

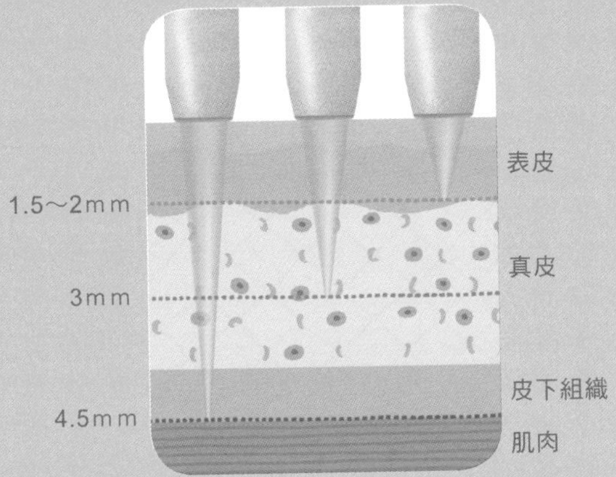


**選擇 POINT**

- 法令紋明顯
- 臉部因鬆弛而拉長
- 幾乎沒有恢復期

護理 3

# 線雕拉提

## 埋線拉皮

### 利用線材從內側拉提

近年來，使用特殊線材拉提肌膚的「線雕拉提」，已成為頗具人氣的非手術鬆弛治療方式。線材的種類非常多，但大致上可分為吸收型和非吸收型。無論何者都是利用線材勾住筋膜層，並透過拉動線材來產生拉提功效。

埋線拉皮（Thread lift）通常是在確認患者的鬆弛狀態後，以客製化的形式決定要埋入的部位和數量。

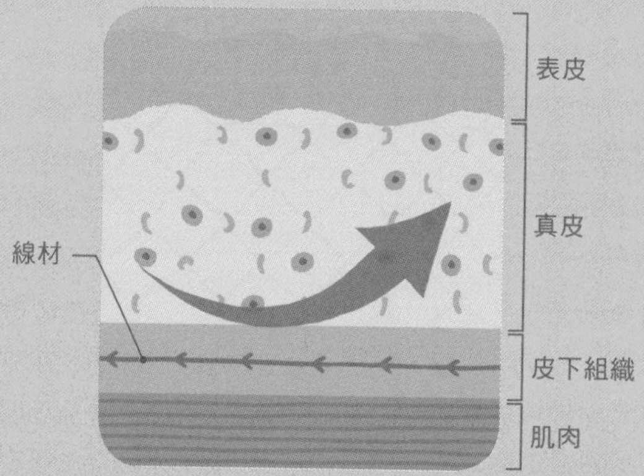


**選擇 POINT**

- 希望獲得效果極佳的治療
- 抗拒手術
- 有具體想要的特定形象

護理 4

# 從肌膚內增量

## 注射玻尿酸

### 從內部修補緊緻度

玻尿酸的應用目的是「填補」凹陷等體積減少的部位以及下垂部位。過去，通常會採用精準注入的方式，沿著法令紋與木偶紋等肌膚鬆弛明顯的部位注射玻尿酸。但最近則會先確認全臉體積的平衡後，再改善因肌膚鬆弛所造成的「凹陷」。這種方式已逐漸被公認為是更自然的回春療法。

此外，透過注射至因老化而鬆弛的韌帶中，預期也能達到拉提的效果。只不過，注射後的成果會因醫師的技術而有顯著的差異。

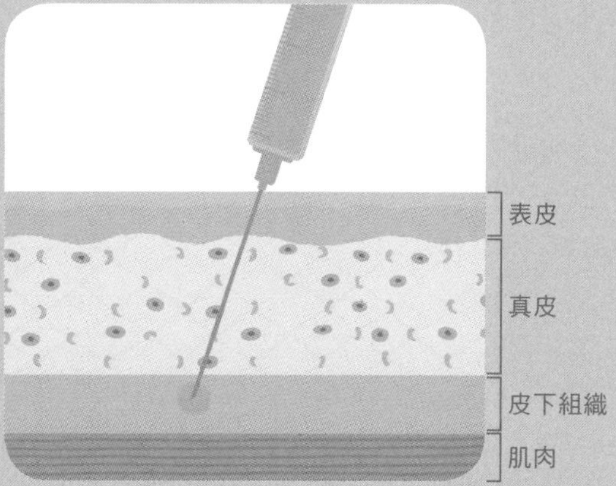


**選擇 POINT**

- 希望儘快改善鬆弛
- 凹陷明顯
- 法令紋的凹陷日趨明顯

COLUMN

# 肌膚鬆弛的治療目的

## 依問題區分治療方式

近來，有愈來愈多的患者前往皮膚科諮詢「肌膚鬆弛」的問題。這有可能是因為隨著斑點治療的普及，希望改善其他肌膚問題的患者開始增加。

事實上，肌膚鬆弛的治療比斑點治療更加「複雜」。因為，肌膚鬆弛趨於明顯的原因，每位患者都不一樣。

舉例來說，有些患者是因為體重突然增加，臉部體積增加而感到「肌膚鬆弛」。另一方面，有些患者則是覺得臉部「凹陷」相當明顯。就像這樣，肌膚鬆弛顯著會受到皮膚深層部位的「體積變化」所影響。

再加上膠原蛋白等纖維成分的品質與含量，會隨著年齡增加而變化，以及各分層的肌肉萎縮與收縮、韌帶鬆弛、骨骼萎縮等都會造成肌膚鬆弛。

因此，除了利用RF（高週波）和海芙音波改善組織，在體積方面，根據患者的臉部型態，注射玻尿酸等進行整合治療相當重要。

# 黑眼圈

一早醒來眼睛下方就出現陰影……。以為是因為睡眠不足，卻有可能是色素沉澱或肌膚鬆弛。請在改善血液循環的同時，注意摩擦造成的色素沉澱，以告別疲倦的臉龐。

# 什麼是黑眼圈？

**眼睛下方一旦變陰暗就會顯得疲倦……根據原因的不同，有可能需要治療**



## 眼睛周圍的陰影

眼睛周圍相當暗沉……。無關乎年齡，許多人都會為「黑眼圈」而煩惱。

眼睛周圍屏障功能容易降低跟乾燥等，都是黑眼圈在組織學上的特性。

- 容易因光線產生陰影
- 表皮與真皮較薄，皮下脂肪少
- 皮脂腺少

上述特性雖然都容易形成黑眼圈，但是根據不同原因，黑眼圈仍可分為幾種類型。

## 根據原因劃分的黑眼圈類型

最常見的「青色黑眼圈」主要是因血液循環不良所造成。眼睛周圍相較於臉頰等部位皮膚較薄，血流也較容易停滯，因此眼睛下方的肌肉看起來會較為暗沉。這種類型的黑眼圈受到睡眠不足等生活習慣極大的影響。

第二種類型是色素沉澱所引起的「茶色黑眼圈」。眼睛周圍的皮膚較薄，因此，比起其他部位更敏感且更容易受磨擦。

## 黑眼圈的主因

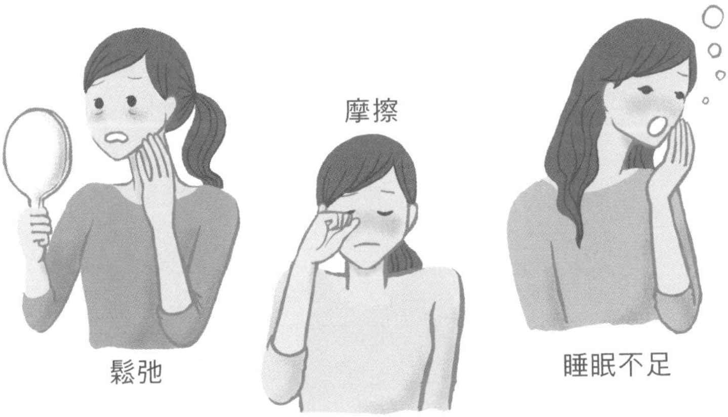


如果患有花粉症或異位性皮膚炎，會因揉眼引起慢性發炎，從而導致黑色素累積，成為發炎後色素沉澱。

持續性的慢性發炎會導致角質層增厚、肥厚以及肌膚暗沉，進而也會造成黑眼圈惡化。此外，紫外線也會導致眼睛周圍容易產生斑點，斑點可能會看起來像黑眼圈。

另外，有時肌膚鬆弛會被誤認為是黑眼圈，這就是所謂的「黑色黑眼圈」。黑色黑眼圈是支撐眼球的眼球懸韌帶因老化而鬆弛，且眼睛下方脂肪突出的狀態。一旦因年齡增長與紫外線損傷而出現肌膚細紋，就會加速鬆弛。

然而許多時候，黑眼圈的成因會重複，所以難以將它們完全區分開來。

**Q** 黑眼圈從未痊癒

**A** 有些因黑眼圈而困擾的人會抱怨，從年輕時黑眼圈就相當明顯。這可能是因為骨骼問題。支撐眼睛（眼球）的骨骼非常多，有時這些骨骼的位置和高度可能會造成眼睛下方容易凹陷與出現陰影。

# 黑眼圈類型

黑眼圈主要分為三種類型
請確認看看自己是哪種類型！

## TYPE 1 青色黑眼圈

由於眼睛周圍的血管血流停滯，皮膚下方的靜脈和肌肉暴露，而看似黑青色的狀態。主要原因是睡眠不足、眼睛疲勞以及寒冷所導致的血液循環不良。

CHECK! ☑

- □ 眼睛下方為黑青色
- □ 深淺在一天內有所變化
- □ 睡眠不足
- □ 撐開時顏色會發生變化

## TYPE 2 茶色黑眼圈

微小斑點聚集，或是摩擦導致色素沉澱與角質增厚，眼睛下方因此呈現深棕色的狀態。

CHECK! ☑

- □ 眼睛下方出現深棕色的暗沉
- □ 臉上斑點持續增加
- □ 有揉眼的壞習慣
- □ 即使撐開，顏色也不會變淺

TYPE 3

## 黑色黑眼圈

眼睛下方脂肪與皮膚鬆弛導致出現陰影的狀態。往往會隨年齡增長而惡化。

CHECK! ☑

- □ 眼睛下方有陰影
- □ 眼睛下方腫脹明顯
- □ 肌膚鬆弛

mini COLUMN

### 如何區分黑眼圈

有一種方法能夠簡單區分黑眼圈的類型。

首先，試著把眼睛下方的皮膚稍微往兩側拉開。此時，如果黑眼圈依舊保持原樣，就很有可能是色素沉澱。如果是青色黑眼圈或是黑色黑眼圈，拉開時黑眼圈的顏色會稍微變淺。但有些人也可能會出現雙重黑眼圈。

# 肌膚護理

透過居家護理改善肌膚

## 護理1 防止色素沉澱

### 注意睫毛膏與摩擦

眼睛周圍的皮膚非常敏感，所以可能會因為外部刺激而形成黑眼圈。

舉例來說，睫毛膏也可能造成黑眼圈。根據產品的不同，有時會因副作用導致色素沉澱。基本上，只要停止使用，色素沉澱就會獲得改善。

此外，過度摩擦也會導致色素沉澱。去除眼妝時，請輕柔地上下滑動卸妝棉以卸除眼妝而非左右滑動，並注意避免用力摩擦。

### 利用美白成分改善茶色黑眼圈

茶色黑眼圈有時須要利用雷射治療。但透過肌膚護理，選擇合適的美白化妝保養品，也能有效改善。

舉例來說，含有視黃醇和菸鹼醯胺的眼霜不僅具有抗皺效果，也具有美白作用。塗抹眼霜時，請使用中指或無名指而非食指，儘可能溫柔地塗抹。

護理 2

# 利用化妝保養品遮蓋

## 利用顏色校正隱藏黑眼圈

有些類型的黑眼圈很難立即改善。但是，有時候可以利用化妝覆蓋來淡化黑眼圈。

一早醒來發現黑眼圈時，或是希望儘量淡化色素沉澱時，請善加利用化妝的方式。

一般來說，可以使用遮暇膏或校色霜等底妝來覆蓋黑眼圈。這裡的重點在於選擇適合黑眼圈的顏色。黑眼圈的顏色會因類型而異。因此，請配合不同的黑眼圈來選擇修正的顏色。

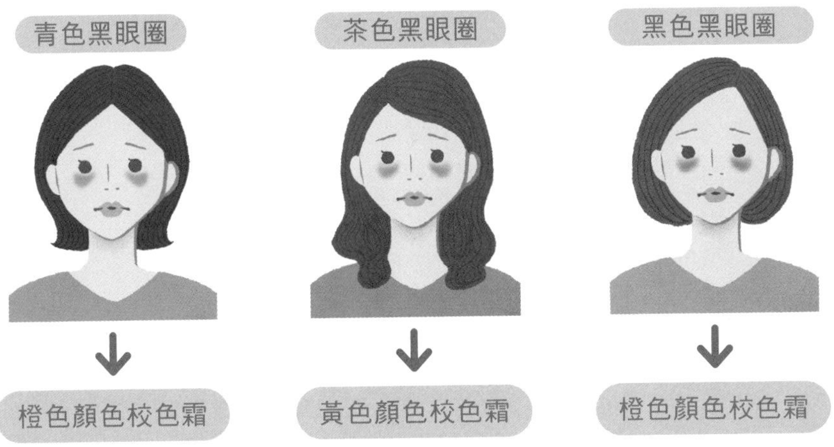


**Q 眼霜對黑眼圈是否具有效果？**

**A** 形成黑眼圈的所有原因，雖然都無法透過肌膚護理從根本上解決。但是，含有美白成分的眼霜能夠有效改善茶色黑眼圈。近來，「咖啡因」作為能夠改善局部血流的化妝品成分，在海外愈來愈受歡迎。因為血液循環不良而有黑眼圈困擾的患者，或許可以嘗試看看。

# 護理 1 改善血液循環的習慣

## 改善血液循環，護理青色黑眼圈

**改善青色黑眼圈的方式就是改善血液循環。**睡眠不足、壓力、疲勞以及寒冷等原因都會導致血液循環不良。

此外，適度的運動也相當有效，尤其**建議練習深蹲**。人體的下半身聚集了全身約七成的血液，因此深蹲能有效改善血液循環。建議可以利用深蹲或是以毛巾熱敷促進血液循環，作為早晨的急救措施。

此外，在飲食方面，最好可以多攝取維生素E以改善血液循環。

**改善血液循環的生活**

維生素E　適度的運動　充足的睡眠

肌膚救援 3

# 皮膚科治療

借助醫療力量穩步改善

護理 1

## 治療色素沉澱・肌膚鬆弛

### 茶色黑眼圈與黑色黑眼圈的治療方案

黑眼圈的成因如果是黑色素沉澱，依循斑點的治療方式就能有效改善（請參閱第一五〇頁～）。只不過，如果是發炎造成的色素沉澱，在色素沉澱之前控制住發炎就很重要。

有些患者的眼睛周圍會因花粉症或異位性皮膚炎而搔癢難耐，在炎症惡化之前，請務必儘早接受治療。

黑色黑眼圈的治療須要借助醫療的力量。首先，要確定是否可以利用手術取出突出於下眼瞼的脂肪。

有些案例在手術後會利用玻尿酸或脂肪來填充凹陷與鬆弛的部位，或是追加雷射治療。

上述兩種治療方式都須要自費。因此最好先充分理解肌膚護理和醫療的效果，並向診所諮詢後再做決定。

**Q** 眼睛周圍的治療風險高？

**A** 眼睛周圍的皮膚較薄且血流豐沛，所以手術後往往容易發生內出血與腫脹的情況。此外，在雷射等機器治療方面，萬一光線射入眼中，會有失明的風險。因此，治療中通常會使用眼罩保護眼睛。然而，雷射施打的深度與位置會因診所而異，因此最好事先確認清楚。

COLUMN

# 睫毛滋養液

## 具有生髮效果的成分

睫毛的作用原本是為了保護眼睛免受到垃圾等外部刺激。然而，有愈來愈多的人追求纖長及濃密的睫毛，因此近來市面上出現各種睫毛滋養液。

比馬前列素（Bimatoprost）是FDA（美國食品藥物管理局）唯一承認具有睫毛生長效果的成分。而「Glash Vista」則是厚生勞動省唯一批准含有○．○三%比馬前列素的藥品。

換句話說，想讓睫毛更加纖長、濃密，比馬前列素是最有效的成分。

只不過，比馬前列素可能會引起色素沉澱與搔癢等刺激症狀。其中，又以色素沉澱的發生率最高。雖然只要停止使用就會恢復，但是，建議使用專門的塗抹工具，以盡可能降低副作用。

此外，使用睫毛夾用力拉扯或搓揉睫毛等行為，理所當然會造成睫毛損傷因此請避免。

# 嘴唇乾裂

嘴唇上的皮膚相極為細緻，一旦過於乾燥就會導致脫皮，或是因病毒引起發炎……。，由於嘴唇上的皮膚相當薄，因此請特別溫柔地護理。請仔細護理並滋潤嘴唇吧。

# 嘴唇乾裂類型

嘴唇乾裂主要分為三種類型
請確認看看自己是哪種類型！

## 主因分三種

嘴唇周圍容易出現許多問題，但主要有三種最常見的類型。

一種是乾燥引起的乾裂粗糙。嘴唇上的皮膚比其他部位更薄，屏障功能也更弱，因此更容易乾燥。尤其是冬季時，會變得乾裂粗糙甚至是脫皮。

第二種是濕疹（發炎）所引起的乾裂。在某些情況下，因為舔舐嘴唇等刺激與潤唇膏所造成的皮疹，而發展成濕疹症狀，如搔癢、泛紅等。

最後一種則是感染。其中大多數是唇皰疹。病毒從傷口侵入並在體內潛伏，一旦受壓力觸發而活化，就會引起腫脹和水泡。

### TYPE 1 乾燥

嘴唇因乾燥而變得乾裂粗糙甚至脫皮的狀態。好發於冬季等容易乾燥的時期。

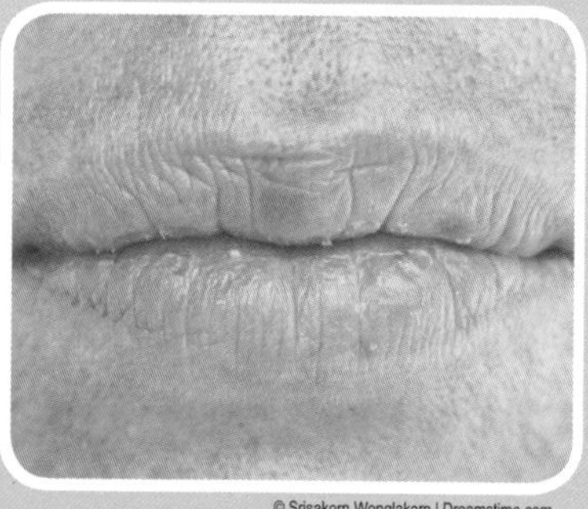

© Srisakorn Wonglakorn | Dreamstime.com

CHECK! ☑

- ☐ 嘴唇乾裂粗糙
- ☐ 嘴唇脫皮
- ☐ 乾燥時容易變得粗糙

TYPE 2

## 濕疹（發炎）

由於舔舐或觸摸嘴唇等摩擦，或是皮疹（接觸性皮膚炎），使得嘴唇及其周圍出現泛紅和搔癢等濕疹症狀的狀態。

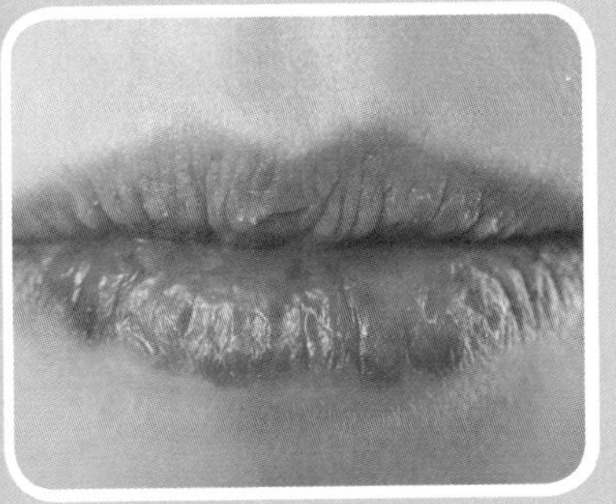

© Miriam Doerr | Dreamstime.com

CHECK! ☑

- □ 有舔舐嘴唇的壞習慣
- □ 患有異位性皮膚炎
- □ 引發色素沉澱

TYPE 3

## 感染（皰疹）

潛伏在體內的皰疹病毒在壓力觸發下活化，引起水泡及腫脹的狀態。有些人可能會反覆發生同樣的症狀。

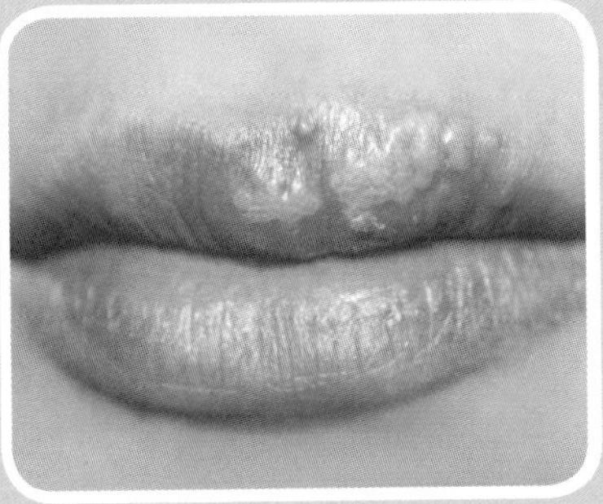

© Apichsn | Dreamstime.com

CHECK! ☑

- □ 嘴唇周圍起水泡
- □ 同個部位總是很粗糙
- □ 有刺痛的不適感

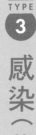

# 肌膚護理

透過居家護理改善肌膚

## 護理1 保濕與抗UV

### 利用凡士林護理乾燥

嘴唇上的皮膚非常薄且敏感，卻很容易受到喝水或吃東西的刺激。因此，仔細並澈底做好保濕護理相當重要。

建議使用凡士林作為保濕基礎。凡士林被稱為封閉性保濕劑，具有防止水分蒸發的功用。凡士林的特性為即使因為嘴唇脫皮而在喝水時感到刺痛的狀態下，也不容易造成刺激，特別易於在發炎時使用。此外，凡士林特有的黏性，也有防止舔舐嘴唇等行為的優點。

在某些情況下，必須注意潤唇膏引起的摩擦。每次重新塗抹潤唇膏時，一旦用力摩擦反而會造成傷害。

使用潤唇膏時，請注意盡可能輕柔地塗抹。垂直唇紋明顯的人，建議順著唇紋塗抹，會更容易滲透。

此外，不要忘記嘴唇和肌膚一樣，都要做好防曬。在嘴唇上補擦防曬尤其重要。請隨時補擦含有SPF的潤唇膏吧。

肌膚救援 2

# 皮膚科治療

## 借助醫療力量穩步改善

### 護理 1 處方藥物治療

**依照原因開立藥物**

類固醇等藥膏能有效治療濕疹（發炎）所引起的嘴唇乾裂。如果嘴唇乾裂是因皮疹所引起，除了治療，有時也會進行貼布試驗（Patch Test）等檢查，以確定原因。此外，嘴唇乾裂有時可能與全身性疾病或是腫瘤（腫塊）有關。因此，如果經過自我護理仍未改善，請務必諮詢皮膚科。

另外，嘴角容易乾裂的患者，有時可以透過攝取維生素B2與B6來改善，這些維生素可以作為輔酶發揮作用。若是偏食，例如常吃外食或速食等，往往就容易缺乏這些營養素。請重新審視自己的飲食習慣，並適時利用補充劑補足營養素與攝取維生素。

皮膚科可針對皰疹開立抗病毒藥物，愈早服藥就能愈快改善。因此，請儘早至皮膚科就診。皰疹經常是因壓力所引起，所以請儘可能讓身體多休息，避免過度勞累。

**Q** 皰疹隨即復發時該怎麼辦？

**A** 某些皰疹藥物是可以預先開立給反覆復發的患者，好在皰疹復發時立即服藥。這種藥物稱為PIT（Patient Initiated Therapy）。適用於每年復發超過三次的患者。因此建議患者本人最好要前往皮膚科諮詢。

COLUMN

# 嘴唇周圍發炎

## 口周皮炎

「口周皮炎（Perioral dermatitis）」是一種嘴巴周圍長期出現紅色凸起物，並伴隨騷癢等不適感的疾病。

口周皮炎類似於酒糟性皮膚炎，屬於濾泡性炎症性疾病，常見於長期塗抹類固醇的案例中，並好發於二十～四十歲的女性。症狀容易因紫外線和酒精等惡化。

在口周皮炎治療方面，經常會依循酒糟性皮膚炎的治療方式，使用米諾環素等抗生素或是甲硝唑（Rozex gel）。

口周皮炎與酒糟性皮膚炎相同，當患者在長期使用類固醇藥膏後停止使用，症狀會「反彈」並暫時惡化，因此較為痛苦。

但是反彈是暫時性的症狀，只要克服它就能逐漸改善。對於症狀較為嚴重的患者，則會採取漸進式的方式來減少類固醇用量，並將類固醇種類更改為藥性較弱的類型等，引導患者緩慢停藥。

無論採取哪種方式，患者都要有耐心治療，因此與醫師間的信任關係就極為重要。

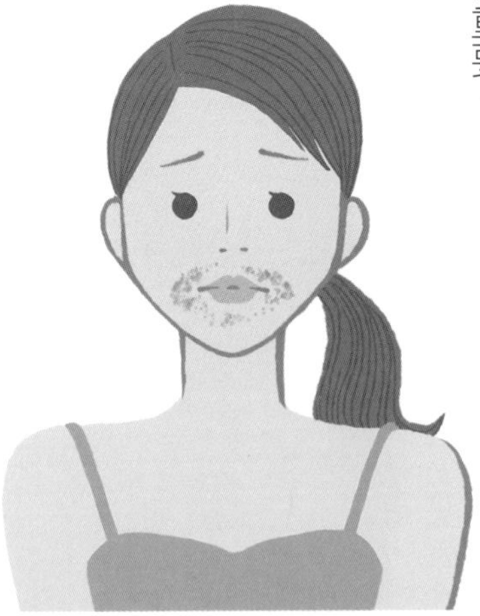

CHAPTER 3

# 異位性皮膚炎

即使持續治療，也會反覆著改善、惡化。異位性皮膚炎治療的目標並非完全痊癒。雖然並不容易，仍要透過基本護理和耐心治療，找出與異位性皮膚炎和平共處的方法。

# 什麼是異位性皮膚炎？

不易改善的炎症。訂定自己的目標而非追求完全痊癒

## 異位性皮膚炎須要耐心護理

異位性皮膚炎（以下簡稱異膚）是一種慢性病程且伴隨騷癢的炎症疾病。引發異位性背後的原因是「維持肌膚屏障功能的能力下降」，且因涉及許多複雜的因素而引起症狀。

其中之一就是角質層異常。據了解，異膚患者因為基因異常，無法順利合成稱為「纖聚蛋白（Filaggrin）」的蛋白質，或是角質層中細胞間脂質之一的神經醯胺含量減少。纖聚蛋白是一種天然保濕因子，在肌膚屏障功能中發揮重要的作用。

如此一來，屏障功能下降的皮膚，就容易受到蟎蟲和室塵蟎等過敏原的侵入，並引起炎症。

此外，除了遺傳原因，異位性皮膚炎的誘因還包含容易引發過敏反應的體質。在某些情況下，不僅是異位性皮膚炎，也容易併發支氣管哮喘、過敏性鼻炎等過敏性疾病。

其他還有濕疹症狀以及引起搔癢的疾病等。特別是在臉部，還有許多應該與異位性皮膚炎區分開來檢視的疾病，像是接觸性皮膚炎、脂漏性皮膚炎以及

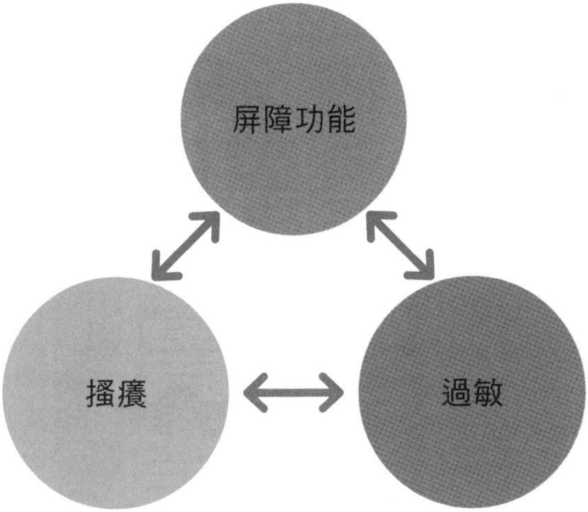


## 異位性皮膚炎的症狀

異位性皮膚炎的症狀不只一種，而是由各種因素複雜交織而成。主要是由「屏障功能」「過敏」和「搔癢」等因素相互影響而引起發炎。

酒糟性皮膚炎等。要區分這些疾病，重點就在於確認症狀過程，以及其他部位的皮膚症狀。

異位性皮膚炎通常是根據「慢性病程」「特有濕疹症狀」「搔癢」等臨床表現進行診斷。換句話說，除了觀察結果，異位性皮膚炎還須經過包含症狀過程以及其他部位的皮膚症狀在內的綜合診斷。

## 異位性皮膚炎永遠無法痊癒？

很遺憾地，異位性皮膚炎並不是一種能夠在短時間內治癒的疾病。較嚴重的情況下，還可能會伴隨劇烈搔癢。

基本上，症狀會反覆改善後再惡化。但透過適當的治療，通常能良好地控制症狀，最終，症狀也有可能逐漸消失或自然痊癒。

**Q** 異位性皮膚炎是否與遺傳有關？

**A** 異位性皮膚炎的發病的確與遺傳因素有關。特別是作為角質層中天然保濕因子的「纖聚蛋白」一旦發生基因突變，就更容易引發異位性皮膚炎。但是，除了遺傳，環境因素也與異膚的發病有複雜的關聯性。因此，並不是說父母罹患異位性皮膚炎，孩子就一定也會罹患異膚。

# 皮膚科治療

## 借助醫療力量穩步改善

### 異位性皮膚炎治療的三大重點

很遺憾地，目前異位性皮膚炎本身並沒有藥物可以治癒。異位性皮膚炎的治療目標並非完全痊癒，而是將症狀改善到不干擾日常生活的程度。而維持這樣的狀態是異膚治療的首要目標。

具體來說，異位性皮膚炎治療是基於以下三大重點。

・抑制炎症的治療
・去除惡化因子
・肌膚護理

類固醇是抑制炎症最常用的藥物，為了控制症狀，最重要的就是先正確塗抹類固醇。

此外，在治療異位性皮膚炎時，除了利用藥物來改善症狀，還要做好保濕以提高屏障功能。

異位性皮膚炎的屏障功能容易降低，所以汗水和氣候變化等一點小事都會導致搔癢和炎症惡化。

因此，即使使用藥物讓炎症穩定下來，也要透過保濕，持續提高肌膚屏障功能，以防止症狀惡化。

即使症狀似乎已經好轉，透過持續保濕和外用藥也能抑制外表看不見的炎症。這種「積極性治療法（Proactive Therapy）」（請參閱第二〇七頁）是一

## 異位性皮膚炎的治療流程

**重症程度診斷**

**惡化原因對策**

症狀惡化的原因因人而異，在問診和檢查中要慎重判斷。蟎蟲和室塵蟎等過敏原以及明顯的乾燥、汗水、壓力等，其他還有嬰兒期的食物等都可能導致症狀惡化。

▶詳細請參閱皮疹篇章

**肌膚護理**

利用保濕劑增強肌膚屏障功能。當症狀強烈時，可重複塗抹類固醇等藥膏。確認改善後，最好漸進式地替換為保濕劑。

▶詳細請參閱乾燥篇章

**藥物療法**

為了抑制異位性皮膚炎的發炎症狀，首先需要塗抹類固醇藥膏。根據嚴重程度，除了類固醇等外用藥外，還可以考慮口服藥物和注射藥物等。

種不僅在不舒服時，甚至在症狀改善時仍持續塗抹保濕劑和藥膏的方式。

### 更多的治療選項

有些案例中，異位性皮膚炎患者無法單靠類固醇藥膏改善症狀。但其實治療異膚的藥物不只有類固醇。

抑制炎症的藥物中還包含環孢素（Cyclosporin）等口服藥物（請參閱第二〇八頁），最近也出現了針對重症型患者的注射藥物（請參閱第二〇九頁）。

目前也還有一些正在試驗中的藥物。「異位性皮膚炎治療＝只能塗抹類固醇藥物」的時代已經結束。目前已經進化到以客製化形式，根據患者症狀選擇藥物的新頁。

**Q** 如何治療色素沉澱？

**A** 異位性皮膚炎嚴重的部位會出現肌膚黑斑。這是因為慢性炎症導致黑色素過多產生的結果，我們稱為「發炎後色素沉澱」。發炎後色素沉澱並非是類固醇的副作用。要改善發炎後的色素沉澱，當務之急就是要先控制炎症。症狀穩定下來後，通常會依循斑點療法進行治療（請參閱斑點篇章）。

## 最重要的是標準治療

類固醇治療大致可分為外用藥物、口服藥物以及注射藥物三種。

近年來，因為「注射藥物」的出現，異位性皮膚炎的治療發生了巨大的改變，這個改變非常重要。許多異位性皮膚炎患者無論使用了多少類固醇，都無法改善症狀，最終只能放棄治療。注射藥物「杜避炎（Dupixent或Dupilumab）」適用於上述症狀較嚴重的異膚，並有望較快速地改善症狀。

認真看待異位性皮膚炎治療在精神上是非常困難的一件事。但在許多案例中，只要透過適當的標準治療就能改善症狀。希望患者不要放棄，找一間值得信賴的皮膚科，和醫師一起努力實現治療的目標。

### 異位性皮膚炎治療選項

| | |
|---|---|
| 外用藥 | 類固醇、他克莫司、迪高替尼（Delgocitinib） |
| 口服藥 | 抗組織胺藥、環孢素、巴瑞替尼（Baricitinib）、烏帕替尼（upadacitinib） |
| 注射 | 杜避炎 |
| 紫外線療法 | 窄頻UVB療法、準分子雷射（Excimer laser） |

※截至2021年12月

**Q** 如果擔心副作用而不想塗抹類固醇該怎麼辦？

**A** 症狀惡化時，塗抹足量的類固醇很重要。因為擔心類固醇的副作用，只在不舒服時塗抹，或是儘可能少量塗抹這類塗抹藥物不足量時，炎症將會持續很長一段時間，從而導致色素沉澱。

護理 1

# 外用藥

## 透過積極性治療法預防復發

類固醇成分與我們體內分泌的「腎上腺皮質荷爾蒙」具有相同的功能。「腎上腺皮質荷爾蒙」是一種具有抗炎作用的荷爾蒙。而類固醇具有強大的抗炎作用，在異位性皮膚炎急性期大多會先開立類固醇外用藥。然而，一旦長期使用外用藥，就有可能出現皮膚變薄，微血管浮出等副作用。

目前，為了儘量減少副作用，建議採用「積極性治療法」，當異位性皮膚炎症狀穩定下來，不要立即停止使用類固醇外用藥，而是持續定期塗抹，並逐漸增加保濕劑的比例。

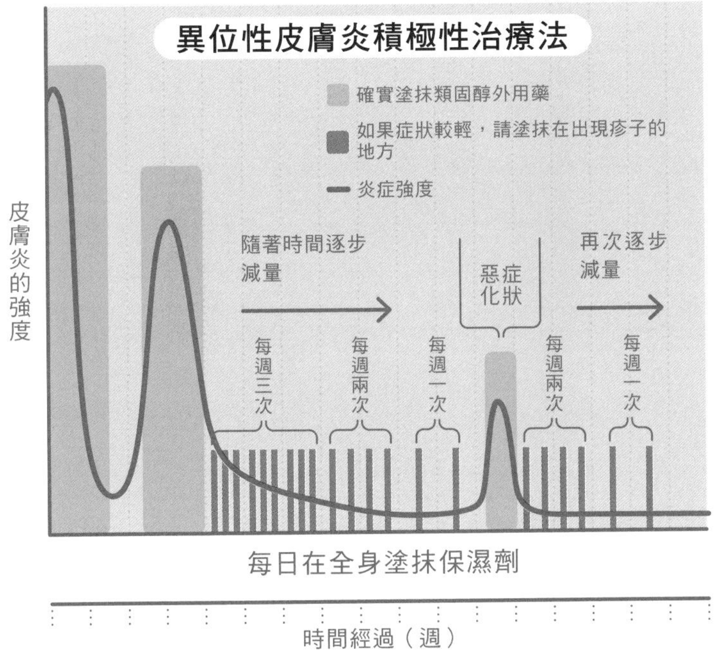

## 口服藥種類

| 藥物 | 功效 |
| --- | --- |
| 抗組織胺 | 抑制引發炎症的「組織胺」運作，減少搔癢。 |
| 環孢素 | 抑制過度免疫反應的藥物。經常與類固醇結合使用，或是用於減少類固醇用量。 |
| 巴瑞替尼 | 阻擋傳遞炎症訊號的路徑之一「JAK」，從而抑制炎症及搔癢。 |
| 烏帕替尼 | JAK抑制劑之一。透過阻擋導致炎症的訊號，抑制皮膚發炎。 |

※截至2021年12月

### 與外用藥良好結合

即使塗抹藥膏也無法抑制炎症，因為強烈搔癢，而無可避免地持續抓癢，症狀將難以改善。因此，皮膚科通常也會一併開立抗搔癢的抗組織胺藥物。

此外，如果塗抹類固醇藥物，症狀仍未見顯著改善，有時也會附帶開立環孢素、巴瑞替尼、烏帕替尼（baricitinib）等口服藥。

此外，還有其他新的口服藥正在進行臨床試驗，預計在不久的將來，選項將迅速增加。新藥可以抑制各種炎症細胞因子，因此預期效果將更好。

## 注射示意圖

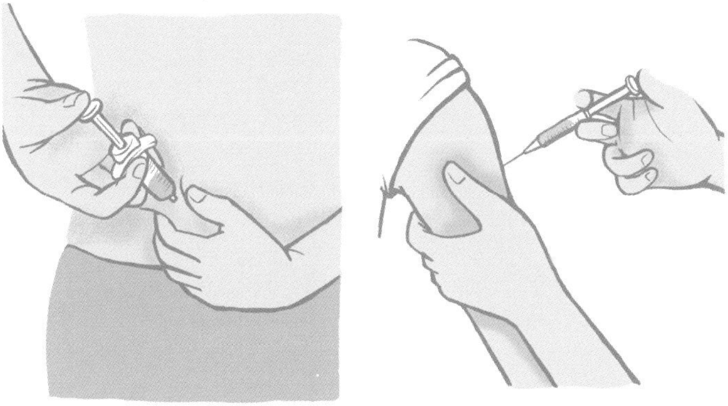

居家自行注射　　診所注射

### 無法改善時該怎麼辦

無法透過現有治療改善的重症案例中，有些患者會選擇注射藥物「杜避炎」。杜避炎與類固醇相同，是一種能夠抑制炎症的藥物。

只不過，由於杜避炎能夠直接抑制異位性皮膚炎中，由異常免疫細胞產生的炎症性細胞因子物質，因此預期將更具功效。杜避炎能抑制的炎症性細胞因子中，還包含導致搔癢的因子。因此，不僅能改善批膚症狀，也能有效減少搔癢。雖然杜避炎的經濟負擔較高，但近來，因為能夠在家中自行注射，門檻正逐漸降低中。

**Q** 食物是否會造成影響？

**A** 異位性皮膚炎患者（尤其是嬰兒）中，可能會對某些特定的食物過敏（食物過敏），必須去除過敏原。除了這種情況，目前並沒有證據顯示某些特定的食物會導致異膚惡化。另一方面，也沒有任何醫學根據指出，某些特定食物或營養素能夠改善異位性皮膚炎。

護理

# 4 紫外線療法

紫外線療法示意圖

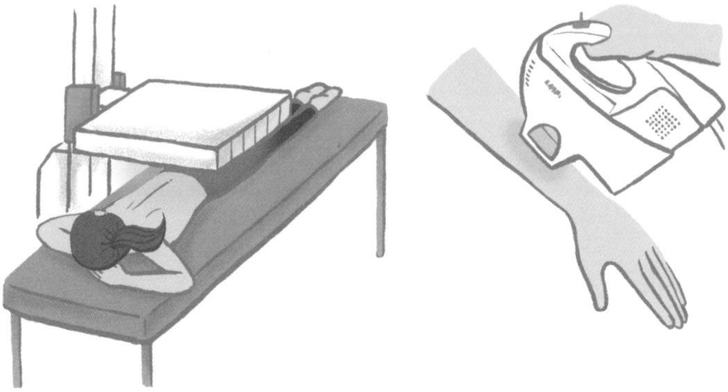

照射全身等廣大範圍

照射患部

## 利用紫外線抑制炎症

紫外線對皮膚有許多負面影響，但紫外線也具有免疫抑制的作用。因此，對於異膚與等尋常性牛皮癬（Psoriasis vulgaris）慢性炎症疾病，有時也會選擇紫外線療法來與口服及外用藥併用。

紫外線治療設備目前有幾種類型。如果是重症異膚等，皮膚症狀出現在全身各處的情況，一般會使用「窄頻UVB療法」的治療設備，利用特定波長的紫外線照射全身。該類型的治療設備也有適用於局部位置的機型。

此外，還有以光線照射局部位置的準分子雷射等設備。

# 皮疹

當季節更迭或更換化妝保養品，肌膚會突然出現凸起物或搔癢。如果出現原因不明的皮疹，請務必找出原因。在澈底消除病因的同時，也要恢復肌膚屏障功能。

# 什麼是皮疹？

## 肌膚出現凸起物且感到搔癢……！突然出現不明原因的炎症

雖然統稱為「皮疹」，但病況卻各式各樣，最常見的類型是在沒有過敏反應干預下發生的「刺激性接觸性皮膚炎」，以及免疫細胞對過敏原產生反應的「過敏性接觸性皮膚炎」。

一旦在不知道原因的情況下置之不理，症狀可能會惡化並降低生活品質。因此，如果懷疑罹患皮疹時，確定原因很重要。

### 皮疹有許多成因

使用新的化妝保養品後出現搔癢情況，或是配戴飾品後肌膚開始泛紅……如果出現這樣的症狀，很有可能是皮疹。

皮疹在醫學上稱為「接觸性皮膚炎」，是由皮膚接觸到特定物質（過敏原）所引起的濕疹症狀。

具體症狀與一般濕疹症狀相同，皮膚泛紅、出現凸起物並伴隨搔癢。當皮疹發生在眼皮或嘴唇上，可能會出現明顯的腫脹。

# 皮疹類型

皮疹主要分為三種類型

TYPE 1

## 刺激性皮疹

刺激皮膚的物質，直接接觸肌膚而引起炎症的狀態。當屏障功能下降，容易惡化。代表例為手部濕疹。

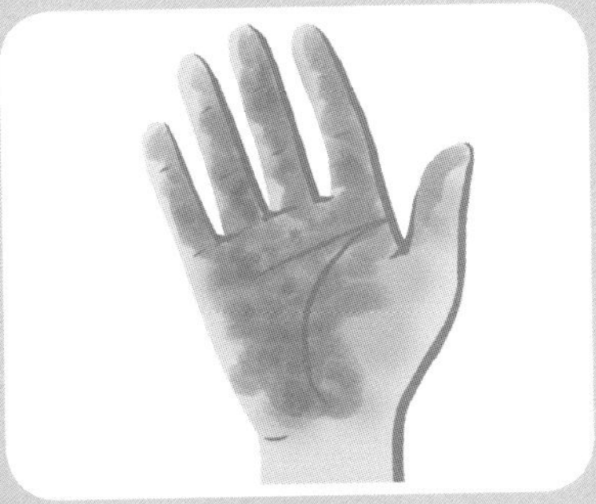

特徵 ☑

- ☐ 透過接觸引發皮疹
- ☐ 代表例為手部濕疹

TYPE 2

## 過敏性皮疹

與皮膚接觸的過敏原引發過敏反應，從而引起炎症的狀態。過敏原經常是鎳等金屬和漆等物質。

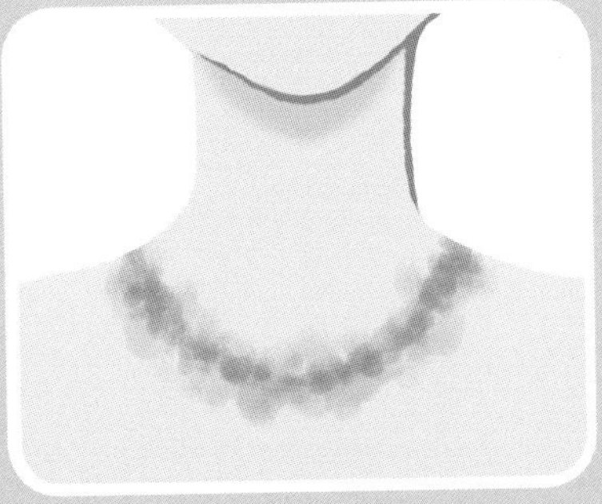

特徵 ☑

- ☐ 因過敏反應所引起
- ☐ 可能是由金屬和漆所引起

肌膚救援

# 肌膚護理

## 護理 1 增強屏障功能

### 屏障功能恢復與刺激物質對策

皮疹是濕疹症狀已經形成的狀態，因此無法單靠肌膚護理改善，必須使用類固醇藥膏等治療藥物。所以請在前往皮膚科就診後，確實塗抹藥物直至症狀消退。

此外，肌膚護理的關鍵在於透過保濕提高屏障功能。當屏障功能下降，皮膚就容易對外部的刺激過敏，因此必須充分保濕。雖然保濕產品的種類相當繁多，但是此時請避免重複塗抹過多的產品，儘量採取簡易護理即可。

另外，即使尚未確定導致皮疹的過敏原，也應避免任何可疑的物質。

如果罹患手部濕疹等刺激性接觸性皮膚炎，可使用手套等物品，盡可能以物理的方式保護肌膚，防止症狀惡化。

## 致敏性物質

| 種類 | 過敏原 |
|---|---|
| 日用品 | 染髮劑、洗髮精、潤髮乳、洗滌劑、衣物（甲醛）、眼鏡（染料）、橡膠手套 |
| 化妝保養品 | 妝前乳、乳液、粉底、化妝水、防曬、絮凝劑（Clarifying agent）、眼影、睫毛膏、口紅、唇膏、腮紅（臉頰）、光療指甲、紫外線吸收劑 |
| 植物、食物 | 蕁麻、大蒜、鳳梨、奇異果、蘆薈、銀杏、繖形花科（香芹科）、十字花科、菊科、漆樹科、柑橘類、保健食品（蜂膠、甲殼素）、櫻草 |
| 金屬 | 飾品、硬幣、手錶、皮革製品、不鏽鋼、塗料、牙科金屬、食品 |
| 藥品 | 抗菌劑、抗真菌劑、非類固醇消炎藥、類固醇外用藥、眼藥水、消毒劑、潰瘍治療劑、保濕劑、塞劑、陰道製劑 |

資料來源：日本皮膚科學會「2020接觸性皮膚炎治療指南」

### Q 什麼是花粉性皮膚炎？

**A** 柳杉等花粉會造成鼻水等黏膜症狀。此外，一旦沾附在皮膚上，可能會導致搔癢和泛紅等濕疹症狀。花粉性皮膚炎的特性為好發於花粉紛飛的春季和秋季，且症狀大多出現在眼睛周圍、臉部和頸部等暴露在衣物外的身體部位。有時也會因過敏反應而引起，在這種情況下，貼布試驗會呈現陽性。

# 皮膚科治療

## 借助醫療力量穩步改善

護理 1

## 過敏原檢測

### 利用過敏性試驗找出原因

如果懷疑罹患過敏性接觸性皮膚炎，可以利用貼布試驗確定過敏原。

在貼布上塗抹要檢查的物質，如果塗抹的量少就貼附在手臂，量較多則貼附在背部。接著，在黏貼四十八小時後撕下貼布，進行第一次判定。在此之前，基本上不能洗澡。除了在四十八小時後進行判定外，通常在七十二小時後，有時甚至會在九十六小時後再次進行判定，最終才能確定是否有敏性接觸性皮膚炎。

**貼布試驗流程**

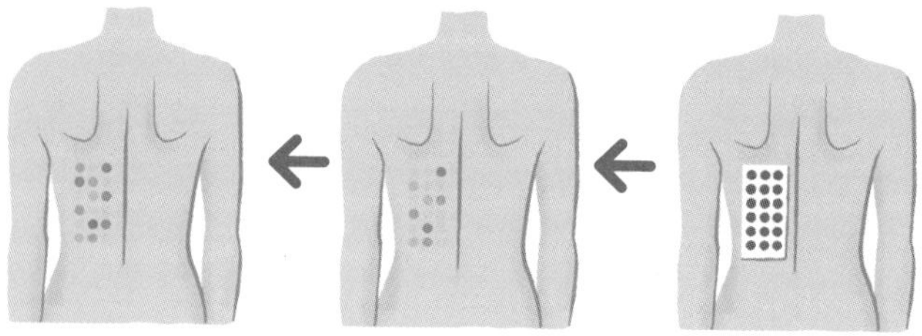

將塗抹了過敏原的貼布黏貼在背部。

四十八小時後進行第一次判定

接著，在七十二小時後（第一次判定的二十四小時後）進行第二次判定。在此之前，基本上不能洗澡。

※必要時，可能會在一週後才做出最終判定
※貼布試驗期間須避免會出汗的運動與曬傷

# 給所有為肌膚問題而苦惱的人

通常，當我以皮膚科醫師的身分替患者看診，或是在社交網路上發布貼文，多會被問到各種有關肌膚煩惱的問題。當然，患者們有著各種的肌膚問題，然而我注意到的是，許多患者不知道該從何處開始處理這些肌膚問題。

到目前為止，雖然市面上已經有許多關於肌膚護理的書籍，但幾乎沒有一本書是寫給那些為肌膚問題而煩惱的人。當我想著希望能夠有一本這樣的書，我收到了本書的提案。至今我仍記得我說過的話：「我想寫一本將所有肌膚問題系統化的書！」

我希望患者能為自己找到一種護理方式，而非使用別人的美容方法。我抱持著這樣的想法寫出本書。如果本書能夠幫助到那些為肌膚問題而苦惱的人，我將甚感榮幸。

最後，我在寫作本書時，對內容進行了許多的增減。多虧了編輯團隊的積極配合，才得以完成最好的作品。我想藉此機會，獻上由衷的感謝。

皮膚科醫師　小林智子

Note

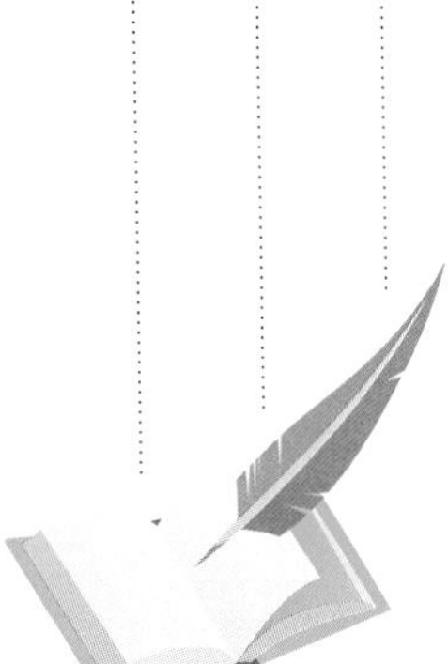

國家圖書館出版品預行編目資料

打造水煮蛋肌：抗痘、乾燥、發炎、老化,找出最適合自己肌膚的保養/ 小林智子作；張維芬譯. -- 初版. -- 新北市：世茂出版有限公司, 2023.06
面； 公分. -- (生活健康系列；B504)
ISBN 978-626-7172-39-1(平裝)

1. CST: 皮膚美容學

425.3　　112004995

生活健康系列B504

# 打造水煮蛋肌：抗痘、乾燥、發炎、老化，找出最適合自己肌膚的保養

**作　　者** / 小林智子
**譯　　者** / 張維芬
**主　　編** / 楊鈺儀
**責任編輯** / 陳怡君
**封面設計** / Chun-Rou Wang
**出 版 者** / 世茂出版有限公司
**地　　址** / (231)新北市新店區民生路19號5樓
**電　　話** / (02)2218-3277
**傳　　真** / (02)2218-3239（訂書專線）
**劃撥帳號** / 19911841
**戶　　名** / 世茂出版有限公司
單次郵購總金額未滿500元（含），請加80元掛號費
**世茂網站** / www.coolbooks.com.tw
**排版製版** / 辰皓國際出版製作有限公司
**印　　刷** / 傳興彩色印刷有限公司
**初版一刷** / 2023年6月

**ＩＳＢＮ** / 978-626-7172-39-1
**ＥＩＳＢＮ** / 9786267172421 (PDF) 9786267172438 (EPUB)
**定　　價** / 380元